UNA GUÍA PASO A PASO

Manual de

INSTALACIONES ELÉCTRICAS

*Coordinación:
Luis Lesur*

México, Argentina, España,
Colombia, Puerto Rico, Venezuela

Catalogación en la fuente

Lesur, Luis
 Manual de instalaciones eléctricas : una guía
paso a paso. -- México : Trillas, 1992 (reimp. 2000).
 143 p. : il. col. ; 27 cm.
 ISBN 968-24-4465-9

 1. Instalaciones eléctricas. I. t.

D- 644.3'L173m   LC- TK3205'L4.5   2244

Fotografías de
Lourdes Grobet

La presentación y disposición en conjunto de
MANUAL DE INSTALACIONES ELÉCTRICAS
son propiedad del editor. Ninguna parte de esta obra
puede ser reproducida o trasmitida, mediante ningún sistema
o método electrónico o mecánico (incluyendo el fotocopiado,
la grabación o cualquier sistema de recuperación y almacenamiento
de información), sin consentimiento por escrito del editor

Derechos reservados
© 1992, Editorial Trillas, S. A. de C. V.,
División Administrativa, Av. Río Churubusco 385,
Col. Pedro María Anaya, C. P. 03340, México, D. F.
Tel. 56884233, FAX 56041364

División Comercial, Calz. de la Viga 1132, C. P. 09439
México, D. F. Tel. 56330995, FAX 56330870

Miembro de la Cámara Nacional de la
Industria Editorial. Reg. núm. 158

Primera edición, 1992 (ISBN 968-24-4465-9)
 Reimpresiones, 1993, 1996, 1997 y 1999

Quinta reimpresión, julio 2000

Impreso en México
Printed in Mexico

ACERCA DE ESTE MANUAL

El manual, totalmente ilustrado, está hecho para que cualquier persona que no sepa nada de electricidad, pueda comenzar a entenderla y pueda realizar reparaciones o pequeñas ampliaciones en la instalación eléctrica de su casa. Sin embargo, sirve principalmente a aquellos que quieren aprender las bases del oficio de electricista práctico.

Comienza con la explicación de cómo hacer las reparaciones caseras más sencillas, como cambiar las clavijas de los aparatos caseros. Sigue con una muy breve y sencilla explicación de los principios generales de la electricidad, que es necesario saber para realizar una instalación eléctrica sencilla en una casa. Continúa con una descripción de la mayoría de las herramientas utilizadas para realizar las instalaciones eléctricas, aunque sólo sean indispensables un desarmador y unas pinzas. El siguiente capítulo, sobre los conductores, describe los más usuales y la manera correcta de usarlos, y explica los principales géneros de circuitos eléctricos, con sus principios. Enseguida, en el capítulo de unión de los cables, se detalla la manera correcta de amarrar unos con otros, mientras que en el siguiente se explica la manera de colocar taquetes. Continúa con tres capítulos sobre el proceso de realización de una instalación eléctrica, desde la toma de la corriente, hasta la colocación de los tubos conduit, la colocación del alambre y los accesorios. Termina con un capítulo sobre la manera sencilla de realizar los proyectos de instalación y hacer el cálculo de las cargas eléctricas y de los circuitos.

La realización de este manual es resultado del esfuerzo de muchas personas a quienes se lo agradezco, particularmente a Alberto Montero, electricista de Jiutepec, Morelos, quien hizo valiosas observaciones al manuscrito, realizó todas las demostraciones con que se hicieron las fotografías y supervisó su toma, a la vez que aportó valiosas opiniones. Mi gratitud a Lourdes Grobet, quien tomó casi la totalidad de las fotos, por su invariablemente excelente trabajo, y a Fernanda Gayou de Corzo por su ayuda en la producción de las fotografías y en el diseño gráfico. A Alejandra Oliveros y a Javier Rebollar les agradecemos haber hecho algunas demostraciones y posado para las fotografías.

CONTENIDO

Reparaciones sencillas 7
Cambio de clavijas de trabajo rudo 8
Cambio de clavijas de lámparas 10
Cambio de sockets de lámparas 13
Cambio de sockets de cafeteras y planchas 16
Cambio de apagadores 18
Cambio de contactos 19

Electricidad 20
Amperios: cantidad de corriente 22
Voltios: tensión o presión de la corriente 23
Watts 24
Ohmos: resistencia a la corriente 25
Aislantes 26
Corriente directa y alterna 26
Circuitos 27
Fases 27

Herramientas 28
Herramientas para alambre 30
Herramientas para hacer agujeros 33
Herramientas para el tubo conduit 34
Herramientas para medir corriente 34
Herramientas para soldar 35

Conductores 36
Alambres, cables y cordones 38
Calibres 40
Cargas 41
Circuitos 43
Apagadores de escalera 47
Corriente bifásica y trifásica 48
Conductores a tierra 49

Unión de los cables 50
Pelado de los conductores 52
Unión de cola de cochino 54
Amarre "western unión" 55
Unión para derivar alambre 56
Unión de alambres gruesos 57
Conexión a accesorios 58
Derivar cables 61
Prolongar cables 63
Soldado o estañado de las uniones 65
Aislado de las uniones 66
Amarres con conectores de plástico 67

Taquetes 68
Taquetes 70
Agujeros para taquete 70
Colocación de los taquetes 74
Taquetes especiales 76

Toma de corriente 78
Acometida 80
Interruptores generales 84
Fusibles 86
Interruptores de circuito 90
Circuitos 95

Colocación de tubo conduit 96

Tubo conduit 98
Tubo metálico rígido 99
Doblado del tubo 101
Tubo metálico flexible 102
Tubo de plástico flexible o poliducto 102
Cajas 103
Conectores 105
Instalaciones 107
Instalación entubada visible 108
Instalación metida en concreto 109
Ranurado 111

Alambrado 112

Colocación del conductor 114
Colocación de apagadores 117
Colocación de contactos 119
Colocación de lámparas 123
Lámparas fluorescentes 125
Timbres 126
Flotadores 127

Proyectos de instalación 128

Simbología 130
Circuitos 131
Recámaras 132
Cocinas 132
Baños 133
Sala o cuarto de estar 133
Comedor 134
Pasillos y escaleras 134
Cálculo de cargas 135

Seguridad 140

REPARACIONES SENCILLAS

Cambio de clavijas de trabajo rudo 8
Cambio de clavijas de lámparas 10
Cambio de sockets de lámparas 13
Cambio de sockets de cafeteras y planchas 16
Cambio de apagadores 18
Cambio de contactos 19

CAMBIO DE CLAVIJAS DE TRABAJO RUDO

REPARACIONES SENCILLAS

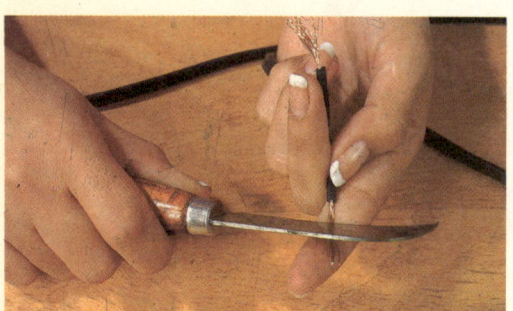

Para cambiar clavijas de trabajo rudo, desconecte el cordón del contacto para que no haya corriente y corte el cordón con las pinzas o los alicates. Separe los cables entre 8 y 10 cm.

Pele de 2 a 3 cm de los cables con las pinzas de electricista o con las pinzas de pelar cables.

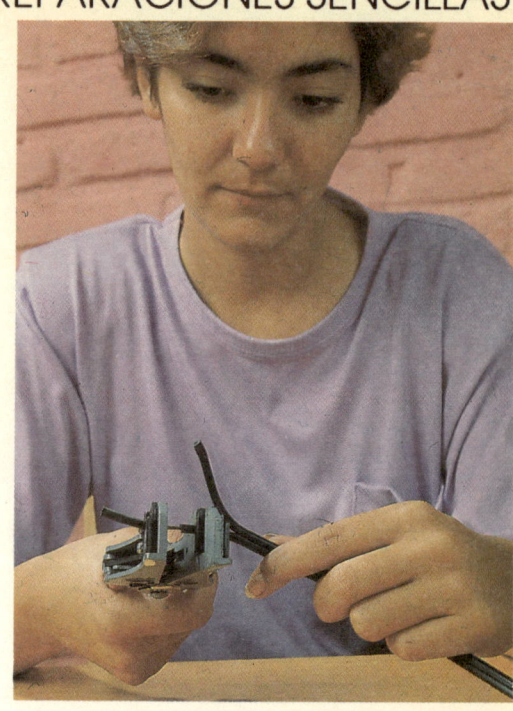

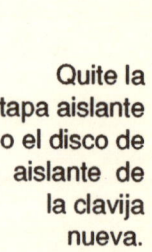

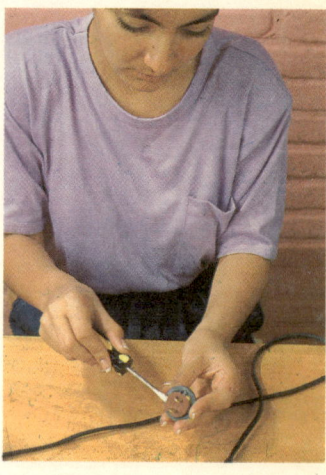

Ráspelos con la navaja hasta que queden brillantes, para que hagan mejor contacto.

Enrolle los hilos de cada cable para que los alambres se mantengan juntos. Si quedan sueltos puede haber un cortocircuito.

Quite la tapa aislante o el disco de aislante de la clavija nueva.

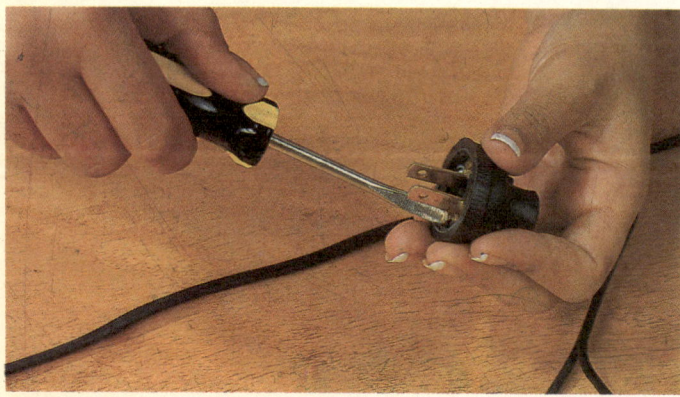

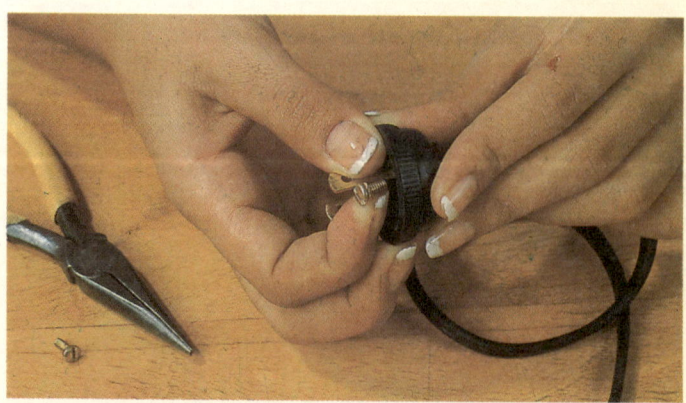

Afloje los tornillos con el desarmador.

Enseguida, sáquelos con la mano.

8 MANUAL DE INSTALACIONES ELÉCTRICAS

REPARACIONES SENCILLAS

CAMBIO DE CLAVIJAS DE TRABAJO RUDO

Meta el cordón por la parte de atrás de la clavija.

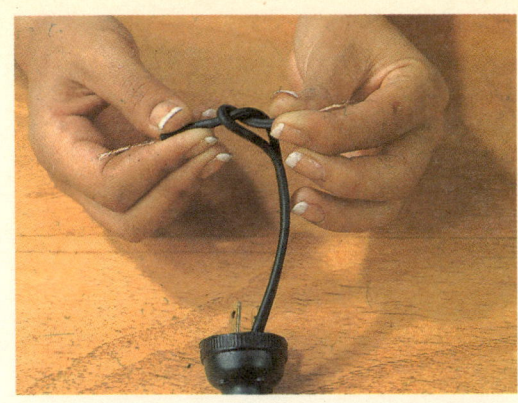

Jale el cordón y haga un nudo donde empiezan a separarse los conductores.

Jale el nudo hacia atrás para que se atore en la entrada de la clavija, e impida que al jalar el cordón, se haga tensión sobre los cables y se puedan zafar fácilmente, produciendo un cortocircuito.

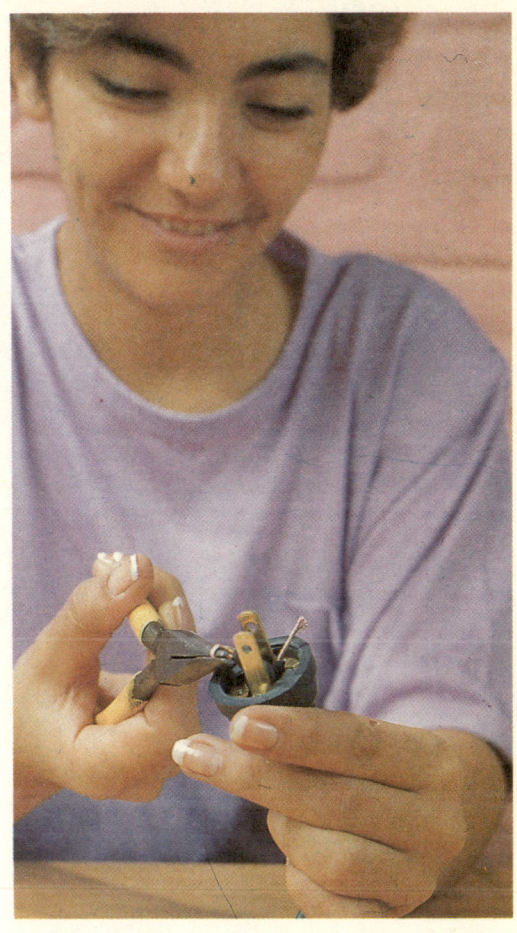

Con las pinzas de punta haga un anzuelo o gancho en la punta pelada de cada cable.

Enrolle el gancho en un tornillo, en el mismo sentido que las manecillas del reloj. Vea que no quede alambre pelado antes de enrollar la punta en el tornillo. El alambre debe comenzar a enrollarse a partir de donde está el aislante.
Meta el tornillo en el borne.

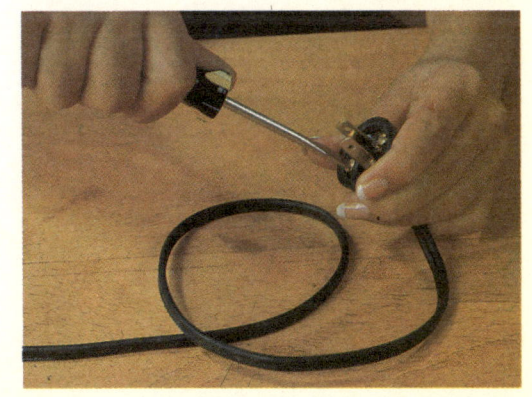

Apriete el tornillo sin que queden alambres sueltos, sino todos enrollados. Ponga el siguiente cable y el disco aislante.

MANUAL DE INSTALACIONES ELÉCTRICAS

CAMBIO DE CLAVIJAS DE LÁMPARAS

REPARACIONES SENCILLAS

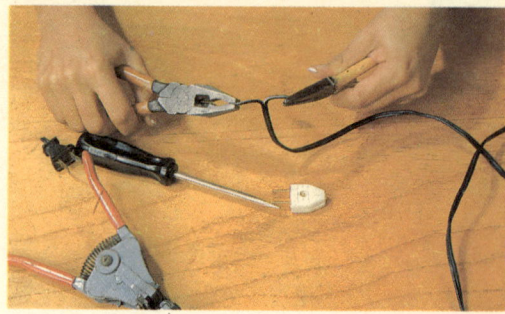

Se separan los dos conductores, con todo y aislante, unos 5 cm.

Hay unas clavijas más pequeñas, que no son para trabajo rudo, generalmente utilizadas en las lámparas. Para repararlas se corta el alambre.

Se pelan unos 2 cm de aislante y se raspan los cables hasta que tengan más brillo.

Se enrollan los hilos para que se mantengan juntos al hacer la conexión.

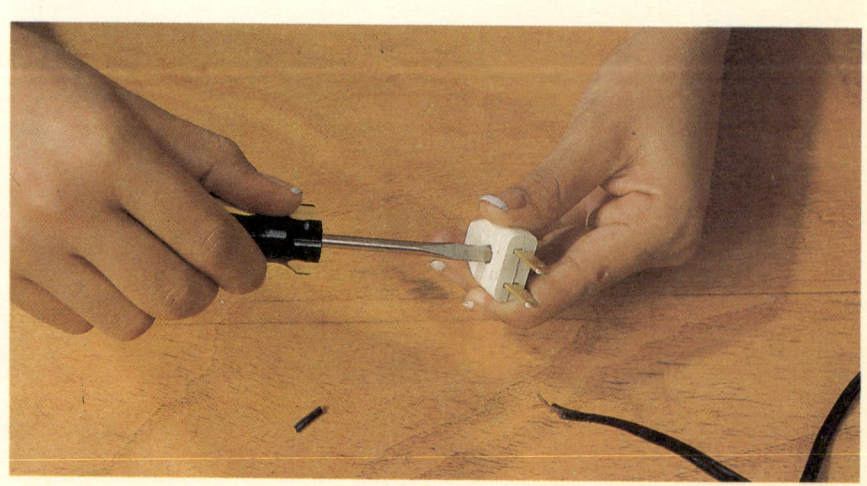

Se quita el tornillo y la tuerca del centro de la clavija nueva.

REPARACIONES SENCILLAS

CAMBIO DE CLAVIJAS DE LÁMPARAS

Se separan las dos mitades de plástico o baquelita y se sacan las hojas o cuchillas de la clavija.

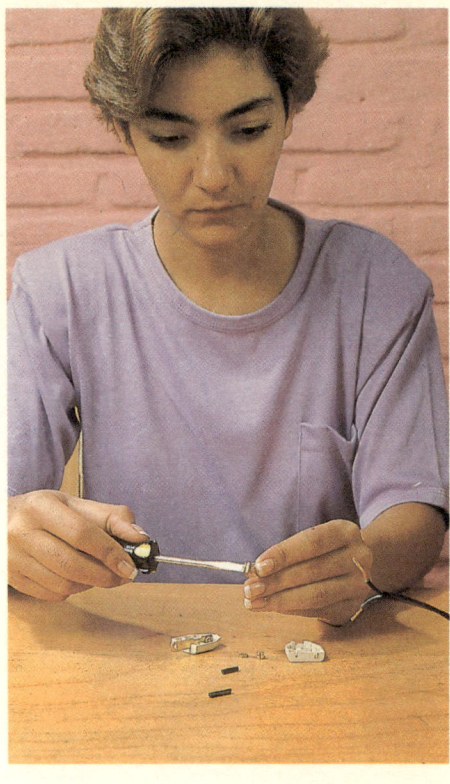

Se aflojan los tornillos de las cuchillas y se sacan.

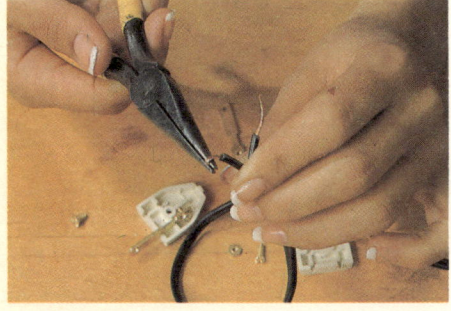

Se hace un gancho en la punta pelada de uno de los cables.

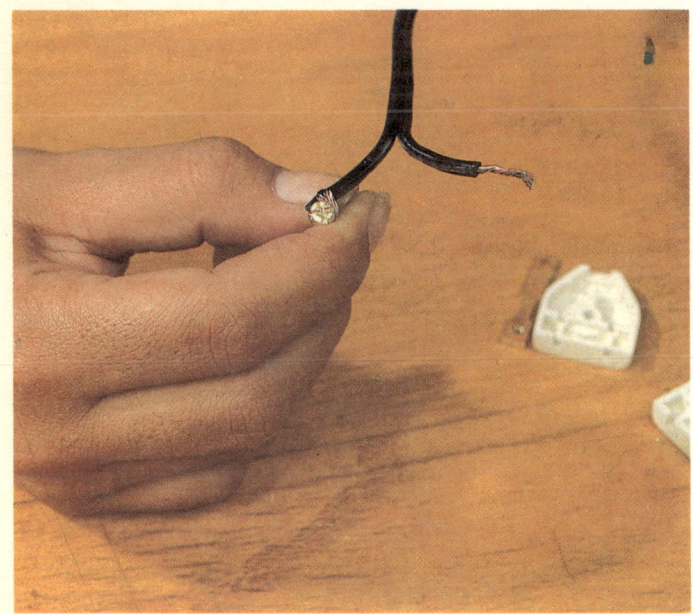

Se enrolla el cable en el tornillo de una de las clavijas, en el mismo sentido que las manecillas del reloj.

Se mete el tornillo en el borne de la cuchilla y se aprieta.

MANUAL DE INSTALACIONES ELÉCTRICAS

CAMBIO DE CLAVIJAS DE LÁMPARAS

REPARACIONES SENCILLAS

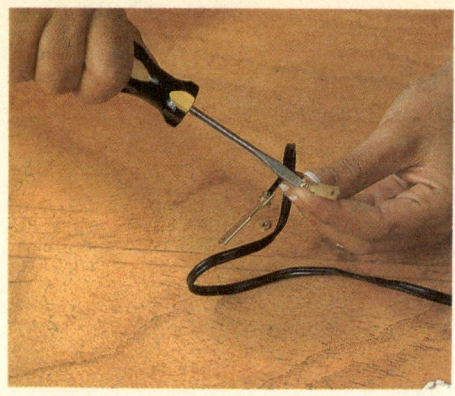

Se mete el tornillo en el borne de la otra cuchilla.

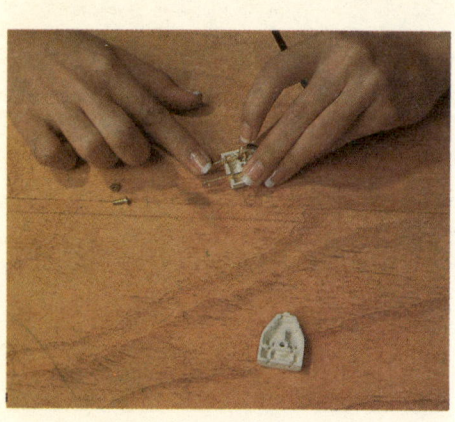

Se colocan ambas cuchillas en las ranuras de una de las tapas.

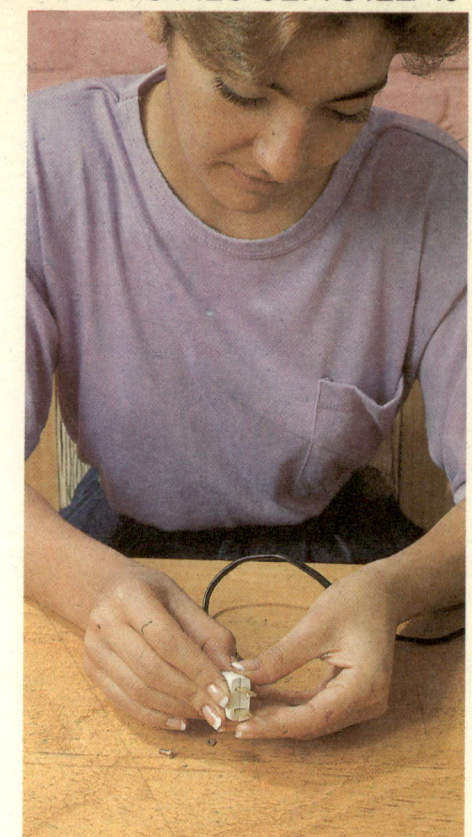

Se pone encima la otra tapa.

Con la tuerca y el tornillo se unen las dos mitades.

Enseguida, pruebe la lámpara.

12 MANUAL DE INSTALACIONES ELÉCTRICAS

REPARACIONES SENCILLAS

CAMBIO DE SOCKETS DE LÁMPARAS

Para cambiar sockets de lámparas o portalámparas, desconecte la corriente y quite el foco.

Apriete con el dedo pulgar la tapa del casquillo o gírelo ligeramente para separarlo de la tapa.

Jale el casquillo hacia arriba hasta que queden bien visibles las conexiones al cable.

Afloje los tornillos.

Quite los cables.

Gire la tapa y jálela hacia arriba para sacar los cables.

CAMBIO DE SOCKETS DE LÁMPARAS

REPARACIONES SENCILLAS

Corte el tramo de cable que tenía la instalación vieja.

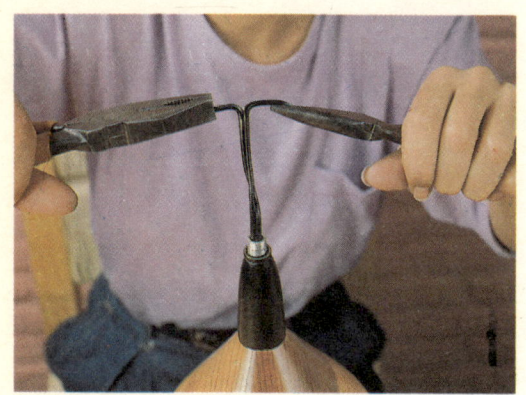

Separe los conductores unos 8 a 10 cm.

Pele unos 2 a 3 cm de las puntas.

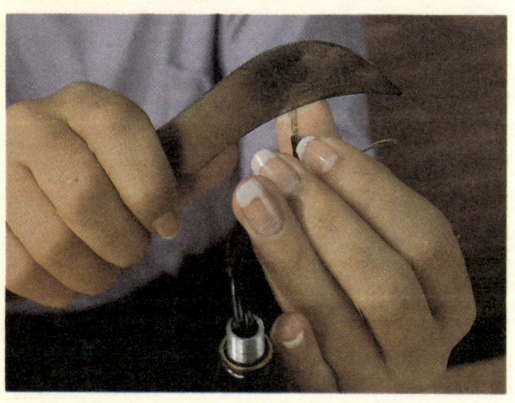

Con una navaja, raspe las puntas peladas y enrolle los hilos de cada punta para que se mantengan juntos.

Tome un socket nuevo y separe la tapa del casquillo.

Meta los cables por la tapa y atorníllela en la lámpara.

MANUAL DE INSTALACIONES ELÉCTRICAS

REPARACIONES SENCILLAS

CAMBIO DE SOCKETS DE LÁMPARAS

Haga un nudo para impedir que el cable se salga o haga presión sobre las conexiones.

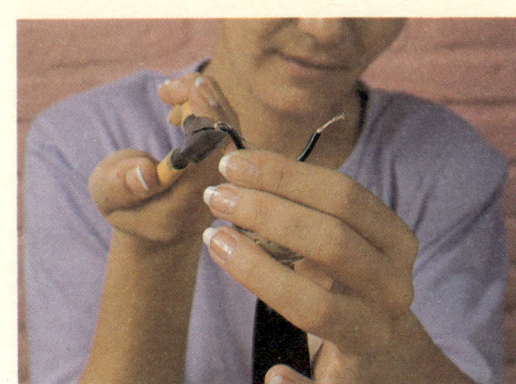

Haga un gancho en la punta pelada y enrollada de cada cable.

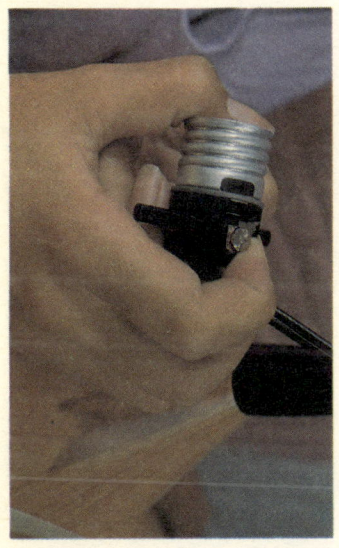

Coloque cada gancho alrededor de un tornillo del socket, en el sentido de las manecillas del reloj.

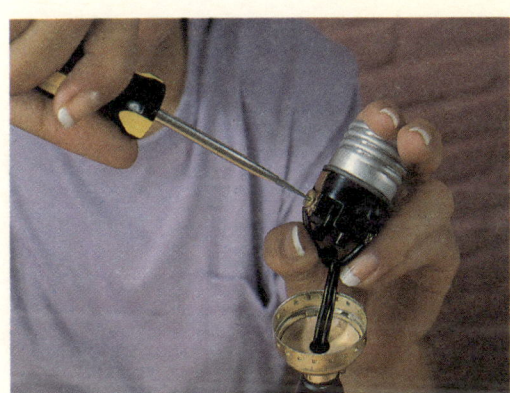

Meta los tornillos en los bornes y apriételos.

Descanse el socket en la tapa, coloque el casquillo y métalo en la tapa.

Ponga el foco y pruebe la lámpara.

MANUAL DE INSTALACIONES ELÉCTRICAS

CAMBIO DE SOCKETS DE CAFETERAS Y PLANCHAS

REPARACIONES SENCILLAS

Para cambiar sockets de cafeteras y planchas, desconecte el aparato de la corriente y corte el cable cerca del socket.

Abra el cable y sepárelo unos 8 cm.

Pele cada una de las puntas unos 2 cm.

Raspe los cables hasta que brillen más y enróllelos para que no se separen.

Tome un socket nuevo y ábralo, quitando el o los tornillos que mantienen unidas las dos mitades de las cubiertas.

Afloje los tornillos de los clips o tenazas y saque los cables.

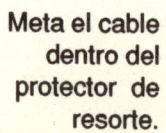

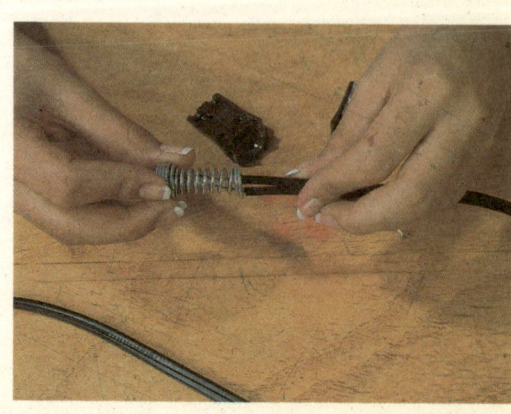

Meta el cable dentro del protector de resorte.

MANUAL DE INSTALACIONES ELÉCTRICAS

REPARACIONES SENCILLAS

CAMBIO DE SOCKETS DE CAFETERAS Y PLANCHAS

Haga un gancho en cada una de las puntas peladas.

Conecte las puntas a los tornillos terminales de cada uno de los clips, enrollándolas en el mismo sentido que las manecilllas del reloj, para que al apretar los tornillos se apriete la unión.

Apriete los tornillos y vea que no haya ningún alambre suelto, sino que todos hayan quedado enrollados, fijos y compactos.

Coloque los clips o tenazas en las muescas de una de las mitades de la cubierta.

Aloje la punta del protector que ya había colocado en el cable, en la muesca, a la entrada del socket.

Coloque la otra mitad de la cubierta, fíjela con el o los tornillos y pruébela.

MANUAL DE INSTALACIONES ELÉCTRICAS

CAMBIO DE APAGADORES

REPARACIONES SENCILLAS

Para cambiar apagadores de pared primero se desconecta la corriente, bajando el interruptor de ese circuito. Si no está seguro del interruptor, desconecte el interruptor principal, el que corta toda la corriente de la casa. Es lo más seguro.

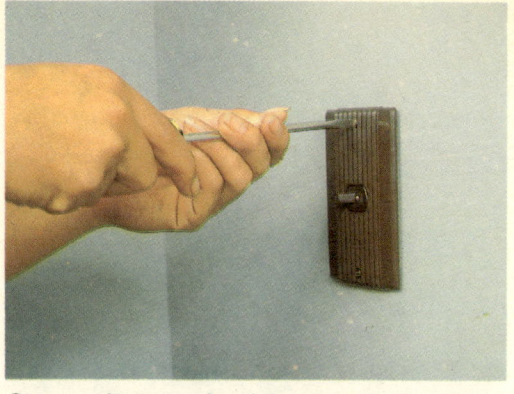

Con un desarmador delgado quite los dos tornillos de la tapa del apagador y sepárela.

Afloje y quite los tornillos que fijan la placa puente del apagador a la caja o chalupa metálica.

Con cuidado, jale el apagador hacia afuera unos centímetros, desdoblando los cables a los que está conectado. Continúe jalando hasta que los cables de la conexión queden completamente fuera de la caja. Afloje los tornillos que conectan los cables a un lado del apagador y desconecte los conductores.

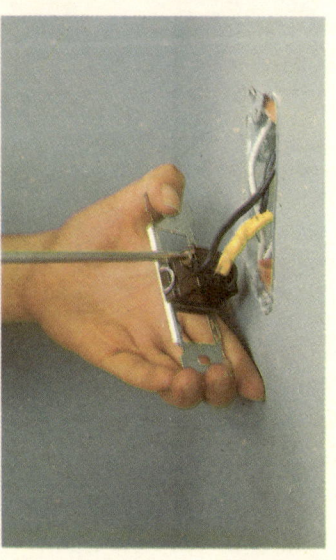

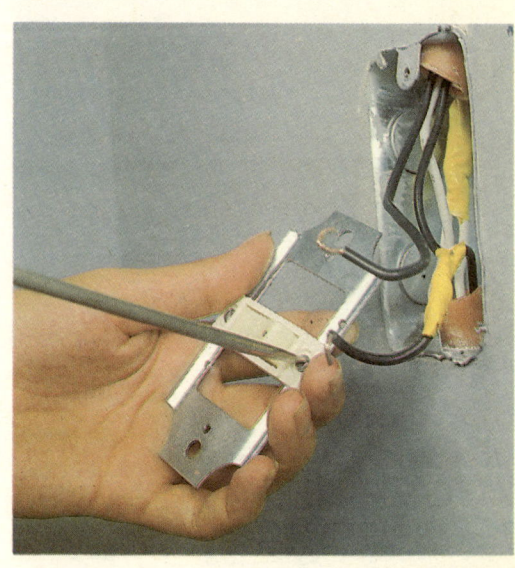

Atornille el apagador nuevo al centro de la placa puente.

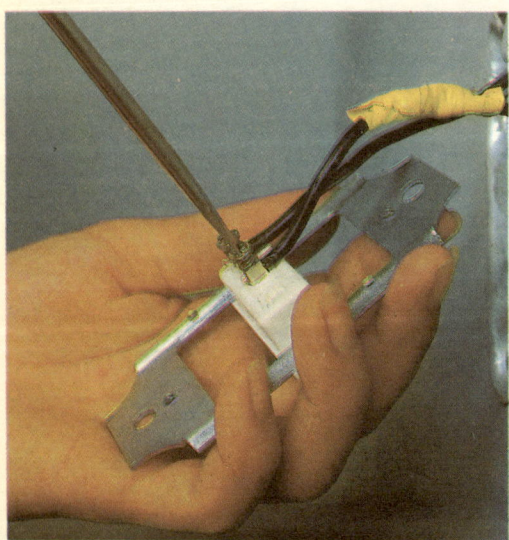

Raspe los conductores hasta que brillen; luego conéctelos a los bornes terminales del apagador y apriételos con un desarmador.

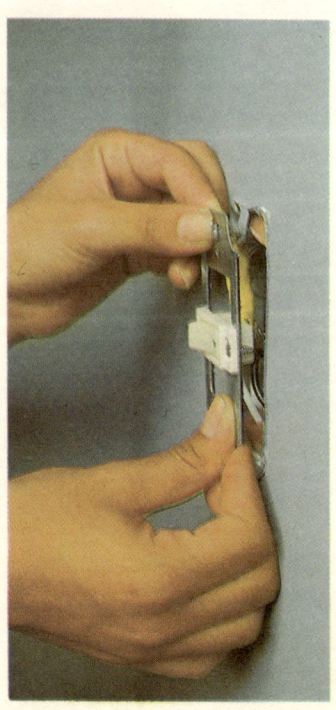

Meta el apagador a la caja, doblando los cables con cuidado para que quepan sin tensión. Coloque los tornillos que sujetan el puente a las orejas de la caja o chalupa, cuidando que la placa quede vertical.

Coloque la tapa y atorníllela. Si no queda vertical, quítela y haga los ajustes necesarios en los tornillos del puente. Vuelva a colocarla. Conecte la corriente y pruebe el apagador para ver si funciona.

REPARACIONES SENCILLAS

CAMBIO DE CONTACTOS

Para cambiar un contacto, primero que nada desconecte la corriente de ese circuito. Si no está seguro de cuál circuito es, desconecte la corriente del apagador principal de la casa, que la corta completamente. Es lo más seguro.

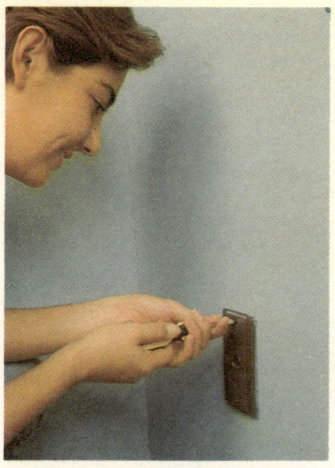

Afloje los tornillos de la tapa del contacto, sáquelos y quite la tapa.

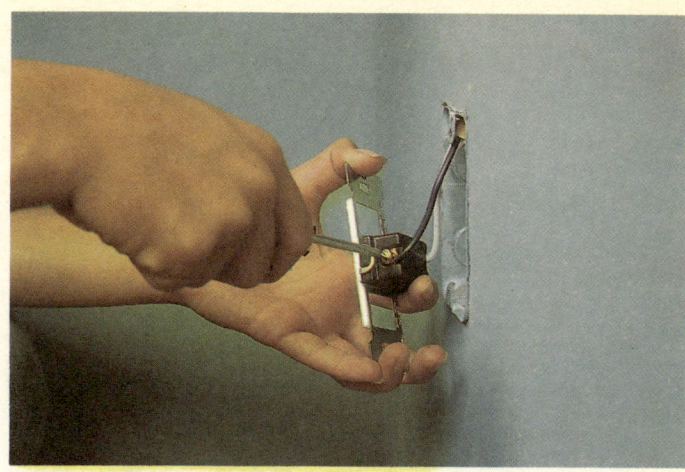

Afloje y saque los tornillos que fijan el puente a la caja o chalupa de metal. Jale el puente con cuidado, desdoblando los conductores, hasta que queden fuera de la caja y afloje los tornillos del contacto viejo para separar los cables.

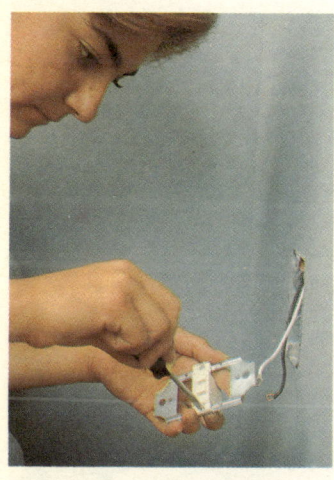

Tome una placa nueva y un contacto nuevo. Fije el contacto al centro del puente, con los tornillos.

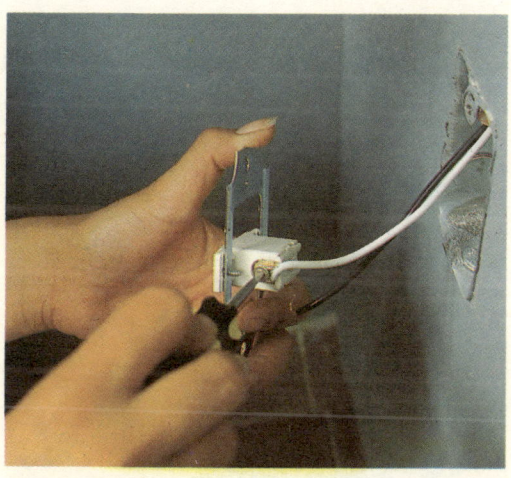

Con la navaja raspe y limpie las puntas de los conductores hasta que queden brillantes. Afloje los tornillos del contacto nuevo, conecte los cables a ellos y apriételos.

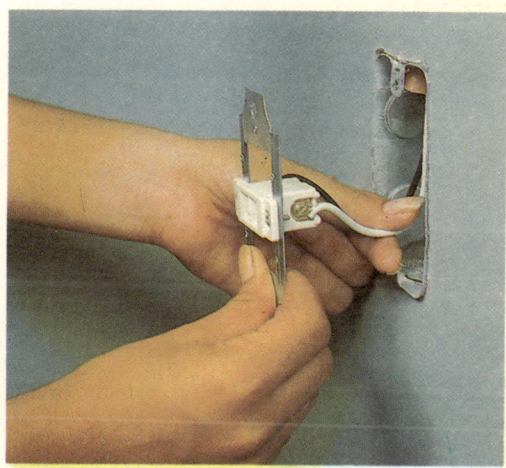

Meta los cables en la caja, empujando el puente.

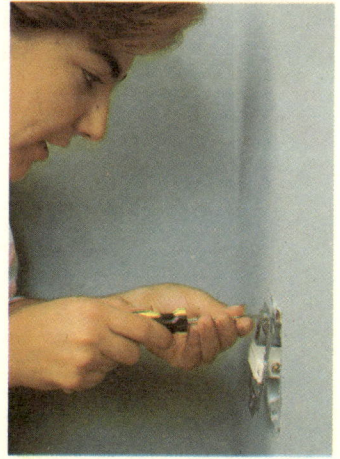

Fije el puente a las orejas de la caja.

Coloque la tapa y atorníllela a la placa del apagador. Conecte la corriente y pruebe si el contacto sirve, conectando alguna lámpara o aparato que esté funcionando bien.

MANUAL DE INSTALACIONES ELÉCTRICAS

La electricidad es una forma de energía que se usa como calor, luz y fuerza.

Es necesario conocer un poco cómo funciona la electricidad para poder hacer instalaciones eléctricas. Enseguida lo explicamos de manera sencilla y elemental.

La cantidad de agua se mide en litros, la cantidad de carne en kilos, y la cantidad de electricidad, que es algo que se mueve, se mide en culombios. Pero generalmente utilizamos amperios, que es un culombio por un segundo. Lo que se mueve a través de los cables son electrones: seis billones de billones de ellos cada segundo en un amperio.

ELECTRICIDAD

Amperios: cantidad de corriente 22
Voltios: tensión o presión de la corriente 23
Watts 24
Ohmios: resistencia a la corriente 25
Aislantes 26
Corriente directa y alterna 26
Circuitos 27
Fases 27

AMPERIOS : CANTIDAD DE CORRIENTE

ELECTRICIDAD

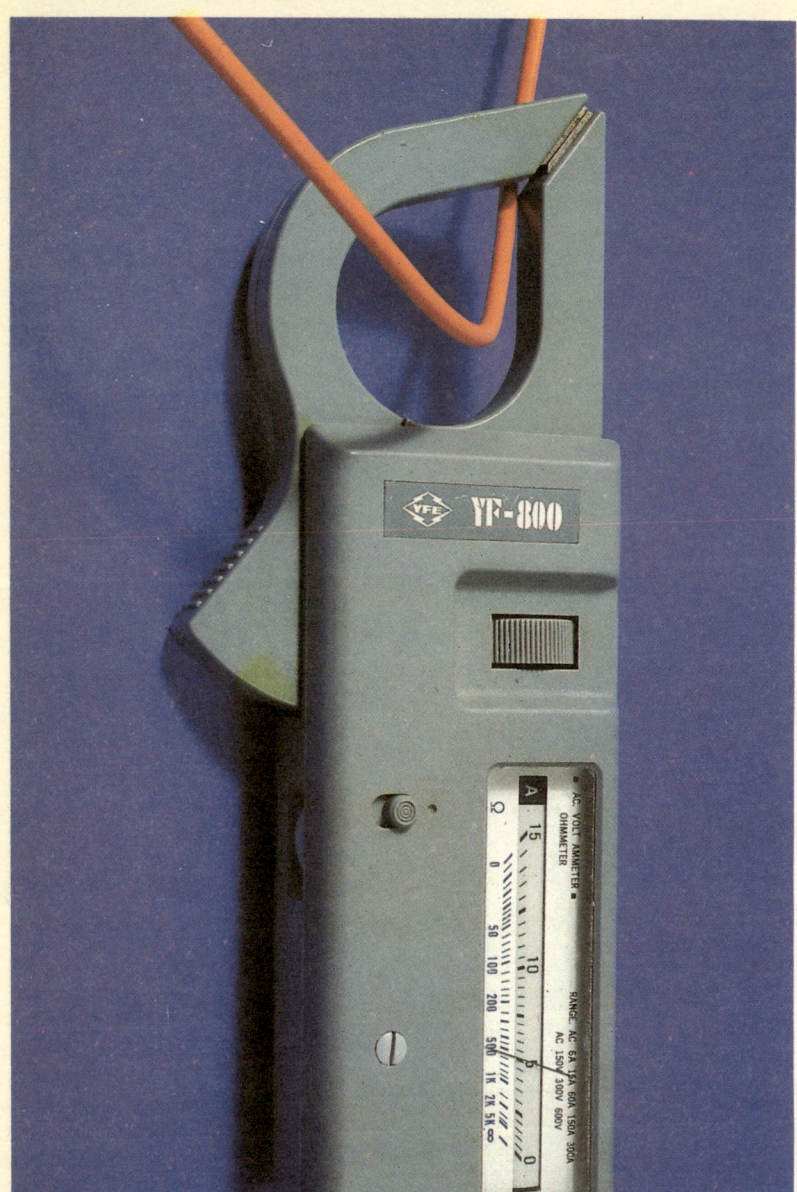

El ampere o amperio es la cantidad de corriente. Para medirla se usa el amperímetro.

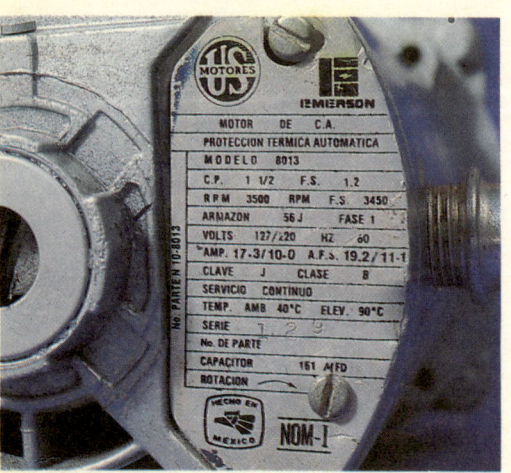

La placa de un aparato eléctrico doméstico indica, entre otras cosas, el amperaje del aparato, es decir, la cantidad de amperios o corriente que necesita.

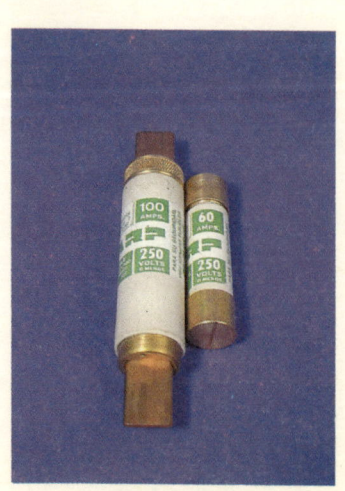

Los fusibles también se miden en amperios. Tienen indicada la mayor cantidad de corriente que puede pasar por ellos. Si pasa más corriente, el metal se calienta, se funde y se rompe. De esa manera los fusibles protegen de la sobrecarga, del sobreamperaje.

22 MANUAL DE INSTALACIONES ELÉCTRICAS

ELECTRICIDAD

VOLTIOS: TENSIÓN O PRESIÓN DE LA CORRIENTE

En el agua y en el aire se mide la presión. En la electricidad la presión se mide en volts o voltios.

Una pila de radio tiene 1 1/2 voltios.

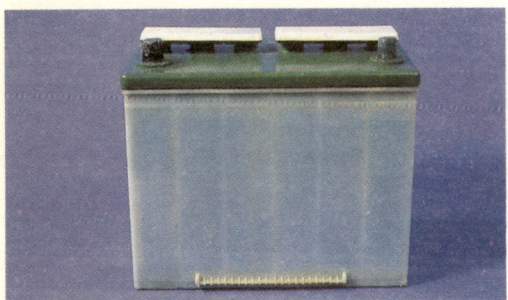

Un acumulador de automóvil tiene 12 voltios.

La corriente de la casa tiene 120 voltios o 220 voltios.

Por los alambres de los postes que llevan la electricidad a nuestra casa, corre electricidad a mucha presión o tensión. Son cables que llevan alto voltaje. Tienen 2,400 voltios.

Las torres con los cables de alta tensión se extienden por enormes distancias llevando 34,500 voltios.

Los voltios o tensión no son enteramente constantes. Siempre varían un poco, pero se mantienen a un promedio de 120 voltios. En algunas partes el promedio son 110 voltios y en otras 125 voltios.

MANUAL DE INSTALACIONES ELÉCTRICAS

WATTS

La fuerza de la corriente se mide en watts. Los amperios son la cantidad de corriente que fluye y los watts son la tensión o presión con que lo hace.

Si hay mucha corriente y mucha presión, hay mucha fuerza.

La fuerza es el resultado de la cantidad de corriente, es decir, los amperios, por la presión que tiene, que son los voltios.

Los watts miden la fuerza, como la miden los caballos de fuerza. 746 watts son iguales a un caballo de fuerza. Un motor de un caballo es un motor de 746 watts.

ELECTRICIDAD

El watt es una cantidad muy pequeña, por eso se habla de kilowatts, que viene de la palabra kilo, que en griego quiere decir mil, es decir, mil watts.

Así como compramos la leche por litro y los frijoles por kilo, compramos los kilowatts por hora. Si multiplicamos los watts por las horas, nos da kilowatts hora. Una plancha de mil watts usada una hora consume un kilowatt hora.

El recibo de la luz nos indica la cantidad de kilowatts hora que consumimos y que deberemos pagar.

ELECTRICIDAD

OHMS O RESISTENCIA A LA CORRIENTE.

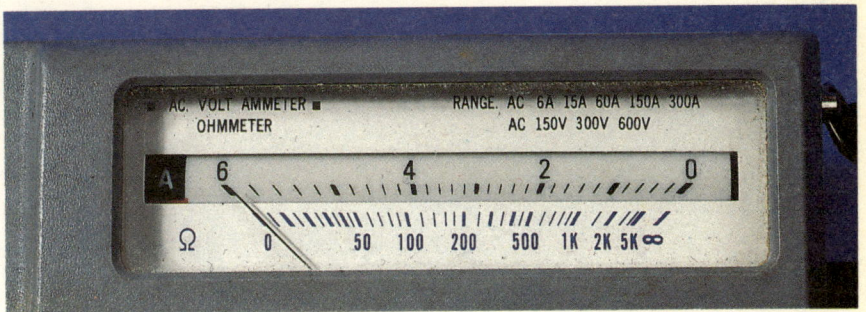

La corriente circula mejor por unos materiales que por otros. Los materiales que permiten el paso de la corriente sin problemas se llaman conductores, como el cobre, el aluminio, la plata y la mayoría de los metales.

Pero aun los buenos conductores ofrecen resistencia al paso de la corriente. La resistencia se mide en ohms u ohmios.

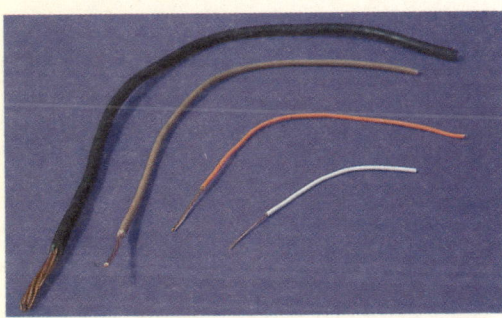

Tres cosas determinan la resistencia de un conductor:
Primero, el material del que está hecho.
Segundo, el tamaño, diámetro o grueso del conductor. A mayor diámetro, menor resistencia.
Tercero, el largo del conductor. Cuanto más corto, menor resistencia.

La resistencia genera o produce calor. Poca resistencia produce poco calor. Mucha resistencia produce mucho calor.

La resistencia es muy importante para abastecer o llevar la corriente a las varias salidas o contactos de una casa. Cuanto más corriente se use y más lejos, mayor debe ser el grueso del cable. Cuanto más grande es el cable, menor resistencia, y a menor resistencia, menor pérdida de energía.

AISLANTES

ELECTRICIDAD

Así como hay materiales por los que pasa muy bien la corriente, hay otros, como el vidrio, el hule, el plástico, la porcelana y el papel, que no permiten el paso de los electrones. Se llaman materiales no conductores o aislantes. Los aislantes son muy importantes para controlar la electricidad.

Al envolver un conductor con un aislante se logra que los conductores no se toquen, aunque estén cerca o juntos, y se mantiene la corriente por el camino correcto, sin mayor pérdida.

El material aislante que cubre los conductores que conectan las lámparas y otros aparatos, evita que den toques, es decir, que tengan descargas eléctricas cada vez que se tocan.

Además, impiden el cortocircuito cuando los cables se pegan y tienen aislante.

CORRIENTE DIRECTA Y ALTERNA

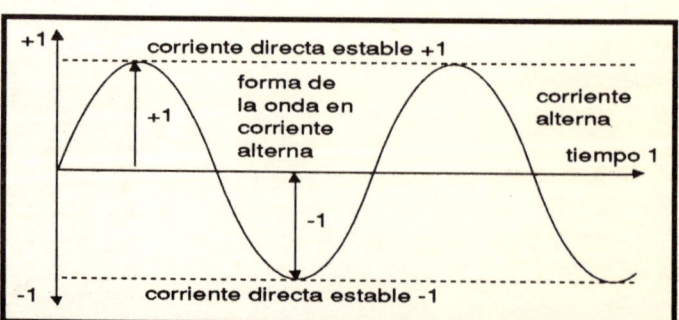

En una batería, un polo o una terminal es siempre positiva y la otra, siempre negativa. Una pila tiene siempre la misma polaridad, ya sea positiva o negativa.
La corriente de una batería se conoce como corriente directa (CD o DC).

La corriente usada en las casas se llama corriente alterna (CA o AC) porque el hilo cambia o alterna continuamente de positivo a negativo y al revés. Este cambio se conoce como ciclo. Ocurre generalmente 60 veces en un segundo, por lo que la corriente se conoce como de 60 ciclos. 60 veces cada segundo, el cable de corriente es positivo y 60 veces cada segundo, es negativo.

26 MANUAL DE INSTALACIONES ELÉCTRICAS

ELECTRICIDAD

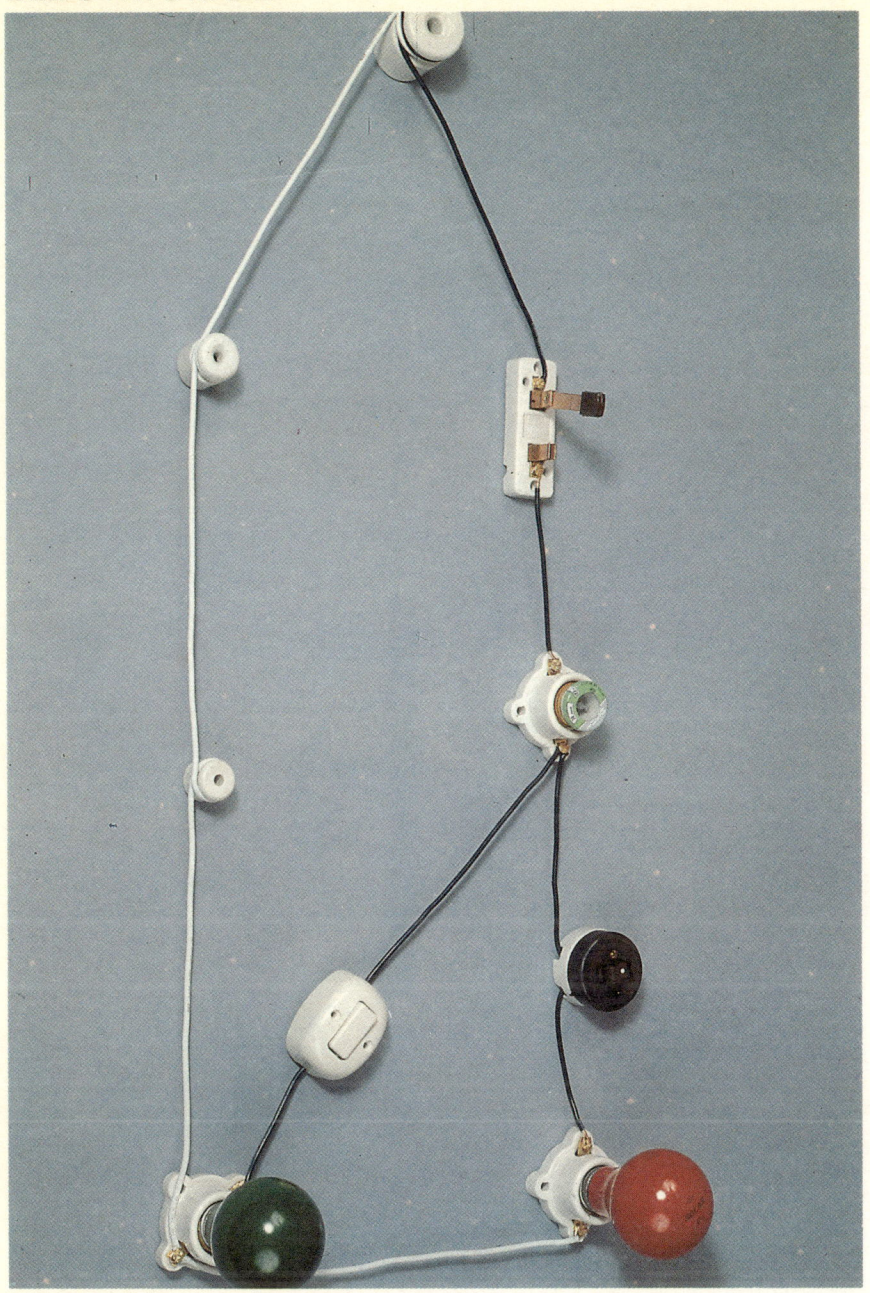

CIRCUITOS

Circuito es el camino que sigue la corriente eléctrica en el punto donde sale desde el generador, hasta el punto en que regresa a él.

El circuito tiene un hilo de ida y uno de regreso, para que la corriente salga por un punto y regrese por el otro.

La corriente en un circuito pasa por un fusible o por un interruptor termodinámico o "breaker", que corta la corriente cuando es necesario.

Los fusibles y los "breakers" sirven para proteger y evitar que pase demasiada corriente o que la corriente siga fluyendo o pasando cuando hay un corto.

El cable que llega del generador generalmente se llama cable vivo y el cable de regreso al generador, se llama cable neutro o de tierra.

FASES

Los circuitos más simples tienen un cable vivo con 110 voltios y un cable neutro de tierra que cierra el circuito. Se dice que es un circuito de una sola fase o monofásico.

Hay otros circuitos que tienen dos cables vivos de 110 voltios cada uno y un neutro. Se dice que es un circuito de dos fases o bifásico.

Cuando hay tres cables vivos de 110 voltios cada uno y un neutro, constituyen un circuito trifásico.

Hay varias clases de pinzas útiles en el oficio. Las principales son las pinzas de electricista. Luego, están las pinzas de punta, las pinzas de corte o alicates y las pinzas especiales para pelar alambre, de las que hay varios modelos.

HERRAMIENTAS

Herramientas para alambre 30
Herramientas para hacer agujeros 33
Herramientas para el tubo conduit 34
Herramientas para medir la corriente 34
Herramientas para soldar 35

HERRAMIENTAS PARA ALAMBRE

HERRAMIENTAS

Las pinzas universales o de electricista sirven para apretar, cortar y doblar, además de que tienen los mangos cubiertos con aislante grueso, lo que aumenta su comodidad y la seguridad al trabajar. Pero no se deben considerar seguras si se trabaja con cables de corriente, pues una gota de sudor o un agujero de alfiler en el aislante pueden resultar desastrosos. Trabaje solamente cuando la corriente esté desconectada.

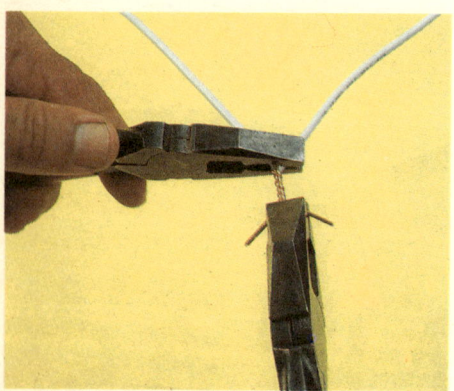

Las mandíbulas de las pinzas universales son grandes, de manera que sostienen firmemente los alambres gruesos que se tienen que torcer y enroscar, para hacer amarres.

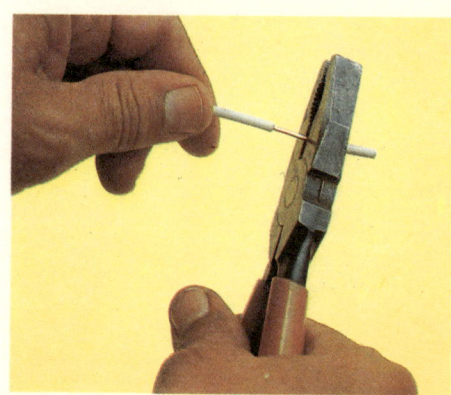

Tienen unas cuchillas junto a la parte donde se puede ejercer mayor fuerza, para cortar los alambres. Las cuchillas están sobre un lado para poder cortar al ras, cerca de la superficie.

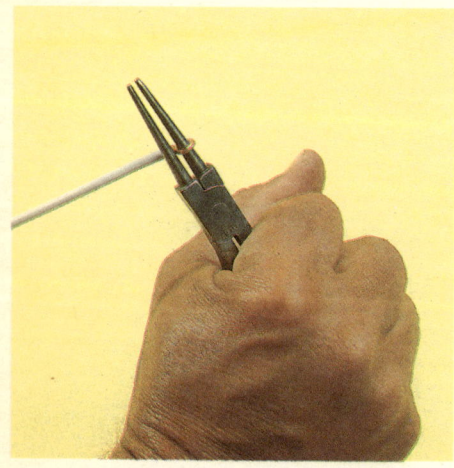

Las pinzas de punta redonda tienen las mandíbulas circulares y en punta, como un cono, para poder formar los ojales en los alambres, al conectarlos a las clavijas, contactos y lámparas.

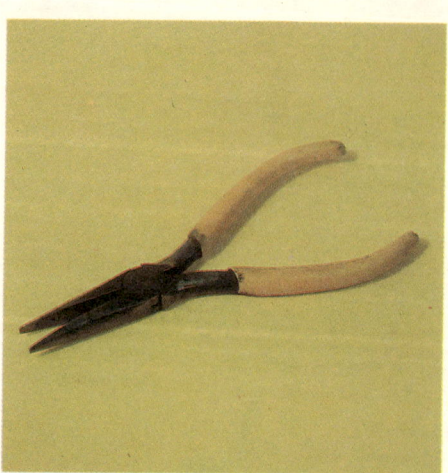

Las pinzas de punta para redondear alambre o cable tienen cada mandíbula como media caña.

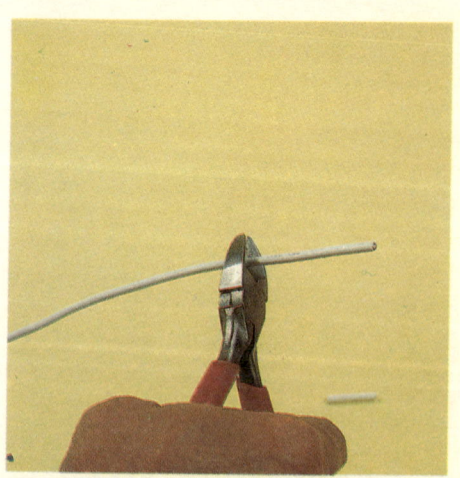

Las pinzas de corte se usan para cortar y pelar cable cuando se quiere hacerlo con una herramienta más ligera que las pinzas universales.

MANUAL DE INSTALACIONES ELÉCTRICAS

HERRAMIENTAS

HERRAMIENTAS PARA ALAMBRE

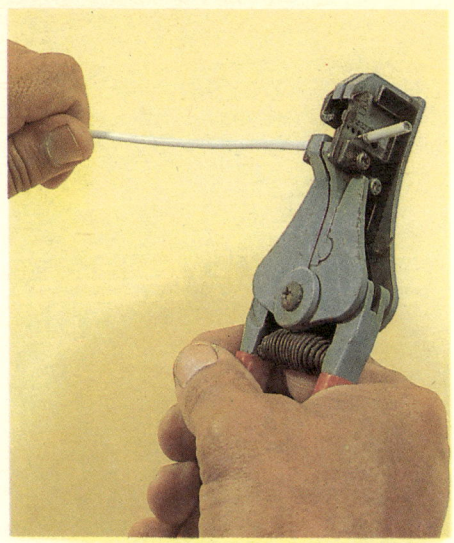

Las pinzas para pelar alambre sirven para quitar el aislante de los conductores fácilmente, sin lastimar el alambre. Al frente tienen unas muescas para alambres de diferentes gruesos, que se cierran al apretar un poco los mangos.

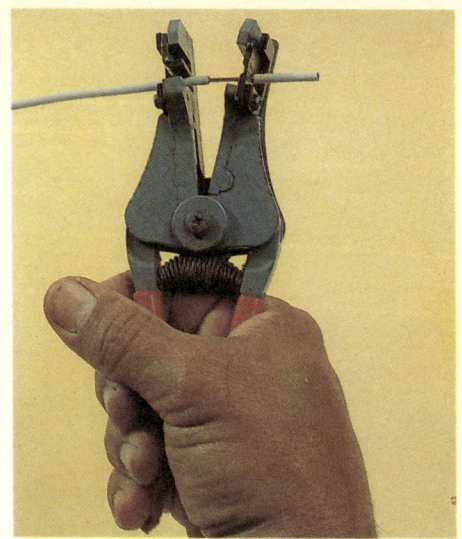

Al apretarlos más una mandíbula de la pinza se abre, jalando el cable que de esa manera queda desnudo.

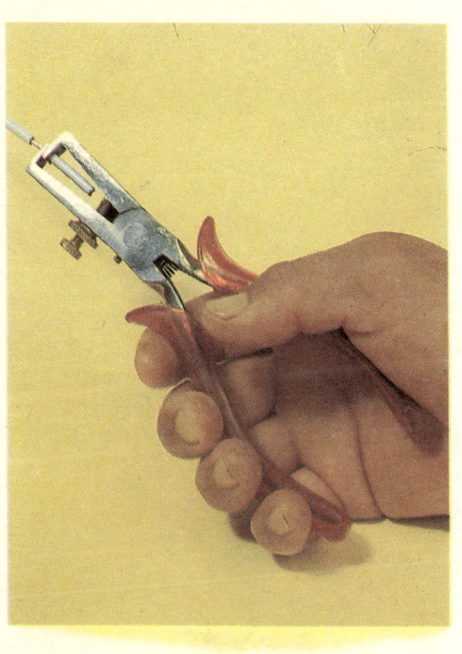

Hay unas pinzas peladoras que tienen una hendedura con filo en el interior de cada mandíbula. Al cerrarse una punta se sobrepone sobre la otra, pero no cierra completamente, porque hay un tornillo ajustable que se lo impide. El tornillo hace que las mandíbulas se detengan donde terminan de cortar el aislante.

Otras pinzas peladoras de alambre combinan otras funciones. El extremo de la punta es un cortador de alambre.

Inmediatamente atrás, las mandíbulas tienen una hondonada que sirve para cerrar y apretar las terminales o zapatas.

Alrededor del pivote están taladrados varios agujeros en los que entran tornillos de varios tamaños, que pueden ser cortados a distinto largo, con sólo cerrar las pinzas.

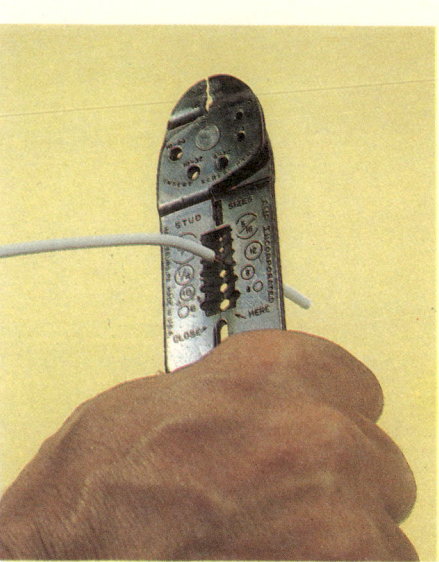

Los brazos tienen unas muescas de varios tamaños para pelar alambres de varios calibres.

MANUAL DE INSTALACIONES ELÉCTRICAS

HERRAMIENTAS PARA ALAMBRE

HERRAMIENTAS

Los destornilladores o desarmadores sirven para girar tornillos. Por comodidad y seguridad, los mejores son los de mango de plástico, aunque no debe confiar en su capacidad aislante de la corriente.

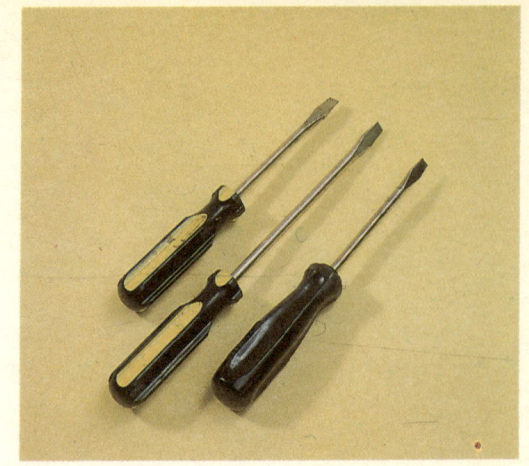

Uno de los desarmadores debe ser lo suficientemente rudo para aguantar los golpes de un martillo al abrir un hueco para colocar una caja o chalupa en la pared de mampostería. Hacerlo así es una técnica pobre, pero es el método más usado para abrir huecos para cajas adicionales cuando no lleva el equipo completo.
La mayoría de los desarmadores con mango de plástico para golpes soportan esos tratos sin sufrir daño.

También hay desarmadores de electricista, con una hoja larga y delgada, cuya punta tiene el mismo ancho que la flecha, lo que permite trabajar en lugares estrechos.

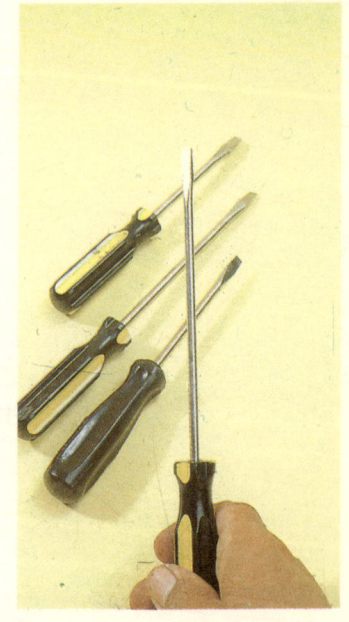

La navaja sirve para quitar el aislante, pulir y limpiar los conductores. Se puede usar en vez de las pinzas. Hay casos donde sólo la navaja puede quitarlo, como cuando se trata de un pequeño trozo de aislante a la mitad de un conductor grueso que corre continuo y se necesita derivar otro cable. Las navajas adecuadas tienen la hoja de acero con filo de un solo lado, bien afilado y con una funda.

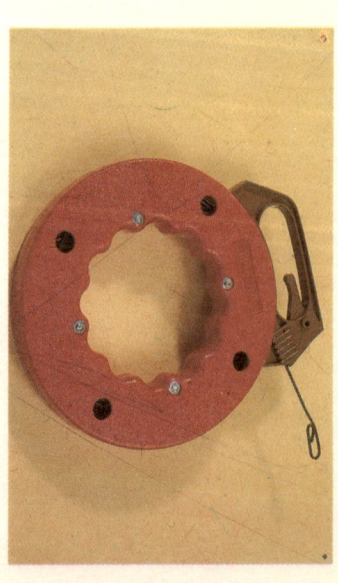

La guía de acero es una tira angosta de acero flexible y rígido a la vez que puede penetrar con más facilidad a través de los tubos por los que corren los cables de una instalación. Se usa justamente para colocar los alambres dentro de los tubos. Se mete la guía por un extremo y se saca por el otro y desde allí se jala el cable que se quiere colocar. La guía se guarda enrollada en un estuche redondo.

HERRAMIENTAS

HERRAMIENTAS PARA HACER AGUJEROS

El martillo se usa para golpear el cincel o los barrenos y clavar grapas y clavos.

El cincel se usa para abrir los huecos para las cajas y ranurar los muros para ocultar la tubería conduit en las instalaciones ocultas.

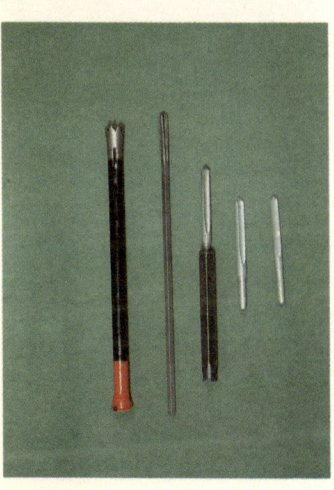

Los barrenos se usan para hacer los orificios en la mampostería, cuando hay necesidad de poner taquetes.
El barreno de punta desmontable tiene una empuñadura metálica en la que se meten brocas de varios diámetros, iguales a los diámetros de los taquetes. También se usan el barreno de estrella y el barreno hueco.

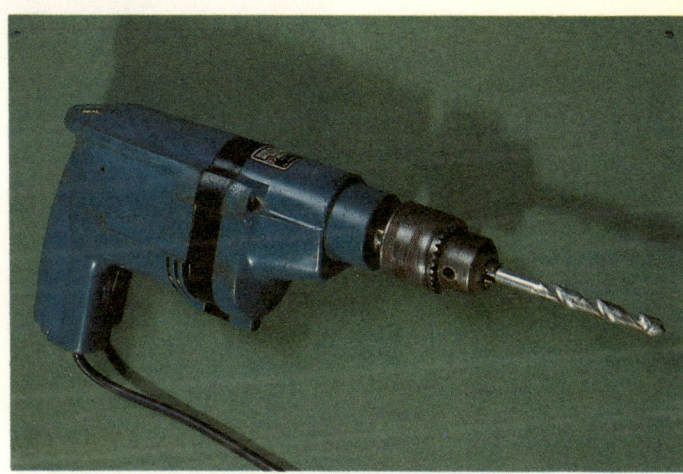

Los taladros eléctricos son la herramienta más práctica al hacer los agujeros para taquetes. Utilizan brocas para concreto que tienen unas puntas de carburo de tungsteno, un poco más grandes que el resto del cuerpo.

El barreno de ojo o barreno salomónico se usa para agujerar la cimbra de madera de las losas, cuando se necesita colocar un tubo conduit que baje desde el techo a un muro.

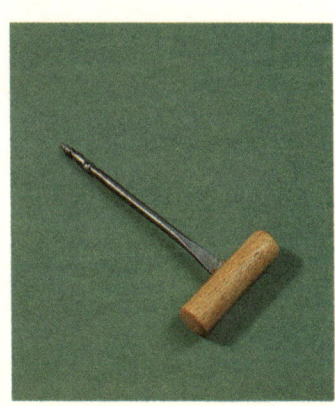

El barreno de mano se usa para hacer los agujeros guías para meter tornillos en la madera, cuando se colocan cajas o tubos sobre madera.

MANUAL DE INSTALACIONES ELÉCTRICAS

La electricidad es llevada desde donde se genera hasta donde se usa a través de conductores de alambre de aluminio o de cobre.

Hay tres clases principales de conductores: los alambres, los cables y los cordones.

HERRAMIENTAS

HERRAMIENTAS PARA HACER AGUJEROS

El martillo se usa para golpear el cincel o los barrenos y clavar grapas y clavos.

El cincel se usa para abrir los huecos para las cajas y ranurar los muros para ocultar la tubería conduit en las instalaciones ocultas.

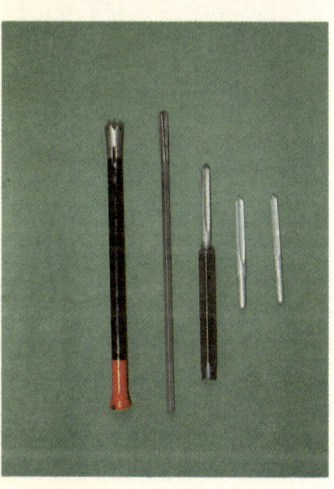

Los barrenos se usan para hacer los orificios en la mampostería, cuando hay necesidad de poner taquetes.
El barreno de punta desmontable tiene una empuñadura metálica en la que se meten brocas de varios diámetros, iguales a los diámetros de los taquetes. También se usan el barreno de estrella y el barreno hueco.

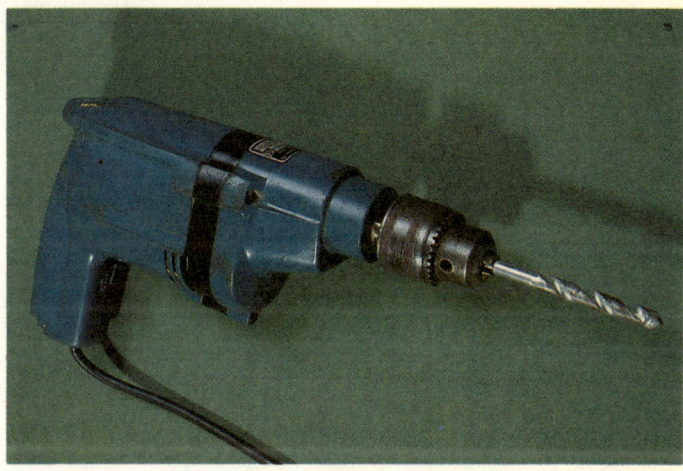

Los taladros eléctricos son la herramienta más práctica al hacer los agujeros para taquetes. Utilizan brocas para concreto que tienen unas puntas de carburo de tungsteno, un poco más grandes que el resto del cuerpo.

El barreno de ojo o barreno salomónico se usa para agujerar la cimbra de madera de las losas, cuando se necesita colocar un tubo conduit que baje desde el techo a un muro.

El barreno de mano se usa para hacer los agujeros guías para meter tornillos en la madera, cuando se colocan cajas o tubos sobre madera.

MANUAL DE INSTALACIONES ELÉCTRICAS

La electricidad es llevada desde donde se genera hasta donde se usa a través de conductores de alambre de aluminio o de cobre.

Hay tres clases principales de conductores: los alambres, los cables y los cordones.

CONDUCTORES

Alambres, cables y cordones 38
Calibres 40
Cargas 41
Circuitos 43
Apagadores de escalera 47
Corriente bifásica y trifásica 48
Conductores a tierra 49

ALAMBRES, CABLES Y CORDONES

CONDUCTORES

Generalmente se venden en rollos o cajas de 100 metros de largo con una etiqueta que indica el color, el tipo de aislante, el grueso del cable y el material del conductor, ya sea de cobre o de aluminio.

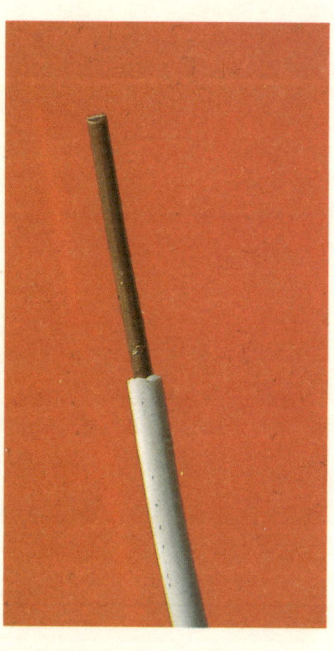

Los alambres están hechos con un solo hilo metálico, ya sea desnudo o recubierto con un aislante de plástico o de hule.

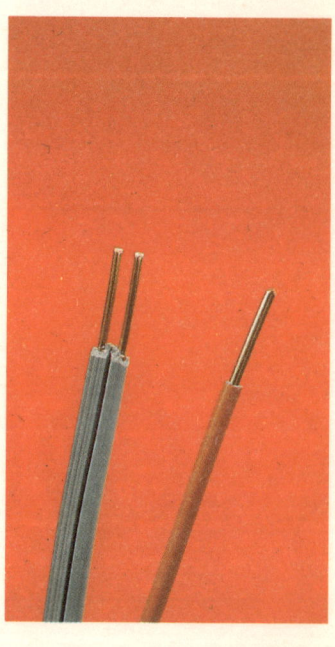

Cuando están recubiertos pueden estar solos, en un hilo, o en pares unidos por el aislante, en lo que se conoce como alambre dúplex. El grueso del aislante depende del grueso del alambre. Se usan para hacer las instalaciones fijas de una casa.

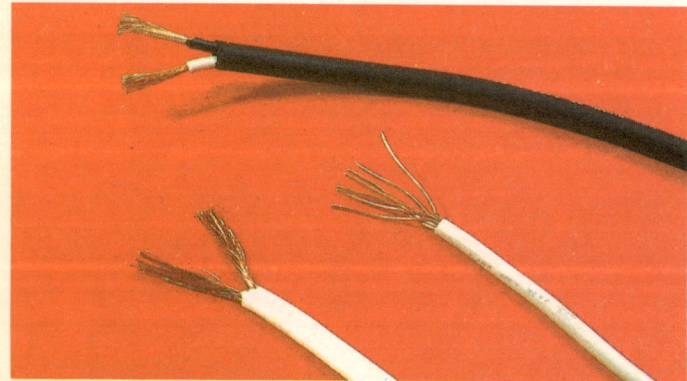

Los cables están hechos con racimos de varios alambres o hilos metálicos muy delgados, cubiertos con una o varias capas de aislante. También pueden ir solos o en dúplex. Se usan para las instalaciones fijas de una casa, ya sean visibles u ocultas.

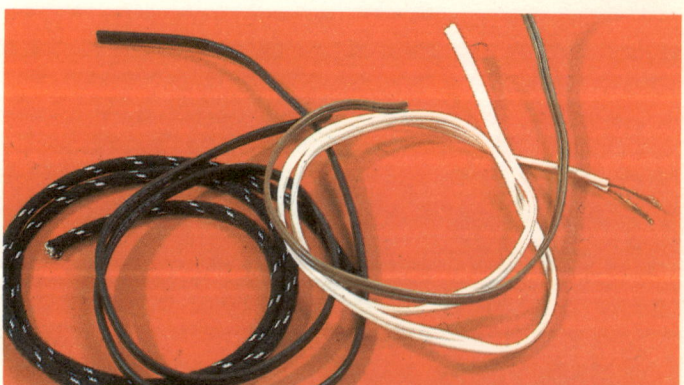

Los cordones son parecidos a los cables: también están hechos con varios hilos, sólo que más delgados y más flexibles. Se usan para conectar los aparatos de la casa a los contactos de la instalación fija. Hay tres tipos principales de cordones.

CONDUCTORES

ALAMBRES, CABLES Y CORDONES

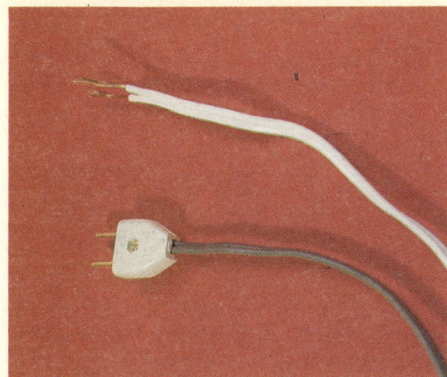

Cordones para lámpara, con un aislante de hule o plástico, generalmente marfil o café.

El cordón dúplex térmico se usa en aparatos que producen calor, como planchas, cafeteras, etc. Está hecho de cables de cobre con aislamiento de hule y una capa de fibras de asbesto cubiertas con hilos de algodón trenzado.

Un cordón térmico más moderno esta cubierto con aislante de plástico resistente al calor, sin la cubierta de algodón trenzado.

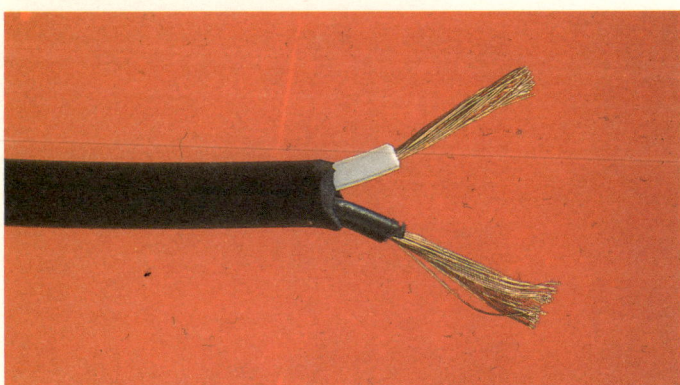

El tercer tipo de cordón es el cordón de trabajo rudo que lleva los conductores protegidos con fibras y un aislante grueso de hule o plástico. Se usa para conectar aparatos domésticos grandes, como lavadoras, secadoras, etc. y herramientas portátiles.

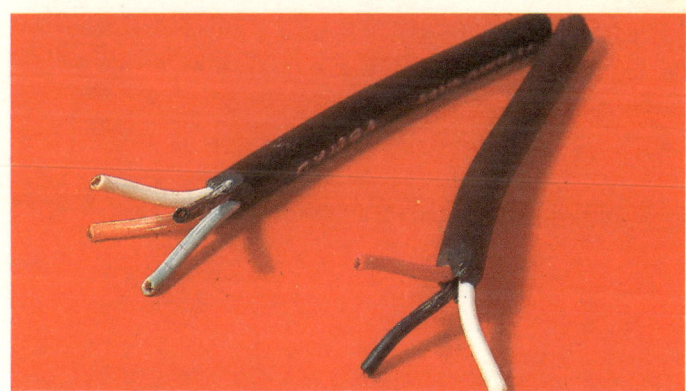

Puede llevar dos, tres y hasta cuatro conductores. Cuando lleva tres, uno es negro y se conecta al cable vivo. El otro es blanco y se conecta al cable neutro, en tanto que el tercero es verde y no se conecta a ningún cable de corriente, sino a un cable llamado tierra o tierra falsa, unido a la tubería de agua o a una varilla de cobre enterrada.

CALIBRES / CONDUCTORES

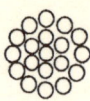   

Los conductores se producen en distintos calibres, diámetros, espesores o gruesos. Hay unos de casi un centímetro de grueso y otros tan delgados como un cabello.

Los calibres o gruesos se miden con la escala de AWG (American Wire Gauge o Calibre Americano de Alambres). En esta escala, cuanto más, grande es el número del calibre, más delgado es el alambre. El alambre más grueso es el de calibre 0.

CALIBRES AWG	DIÁMETRO EN MM
20	0.81
19	0.91
18	1.02
17	1.15
16	1.29
15	1.45
14	1.62
13	1.82
12	2.05
11	2.30
10	2.59
9	2.90
8	3.26
7	3.66
6	4.11
5	4.62
4	5.18
3	5.28
2	6.54
1	7.34
0	8.23

CONDUCTORES

CALIBRES

Los calibres más usados en instalaciones son el del número 12 que tiene 2 mm de diámetro o grueso y el del número 14 que mide poco más de milímetro y medio de diámetro (1.6 mm).

El de uso más generalizado y seguro es el número 12. El 14 es para circuitos de muy poca carga y es el calibre más pequeño que se usa en el cableado de una casa.

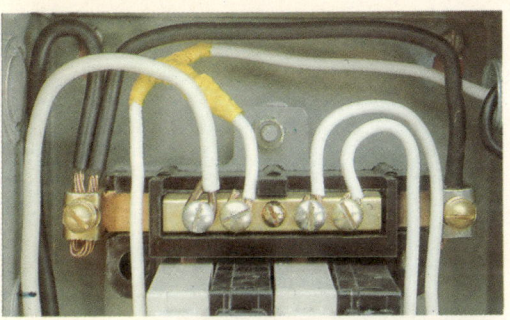

También se usan del número 10 y del 8 en las líneas principales de alimentación de todos los circuitos de la casa y en la salida del medidor hasta la caja con el interruptor principal.

Para los cordones flexibles de los aparatos se usa generalmente del número 16 y del 18.

El alambre del 20 se emplea generalmente para timbres y otros aparatos que trabajan con menos de 30 voltios.

CARGAS

El tamaño del cable es muy importante por el amperaje y la caída de voltaje.

El amperaje es la capacidad de carga en amperios que puede tener un conductor para ser seguro.

Cuando la corriente corre a través del conductor se crea calor; cuanto más grande es el flujo de amperios, mayor es el calor. Al duplicar los amperios, sin cambiar el tamaño del cable, se aumenta el calor cuatro veces. Ese calor es un desperdicio.

Si el amperaje es demasiado grande, el conductor se puede calentar tanto, que puede dañar el aislante y hasta producir fuego.

El amperaje máximo que puede llevar un cable es cuestión de seguridad y no tanto de desperdicio.

Para evitar el desperdicio y el peligro, se debe usar un cable de un calibre tal, que limite su desperdicio de calor a cantidades razonables y seguras.

CARGAS
CONDUCTORES

Pero además de calor, en los conductores se produce una caída de voltaje. El voltaje siempre es mayor donde empieza el conductor que donde termina. Cuanto más delgado es el cable, mayor es la caída del voltaje.

La caída del voltaje, que es una pérdida de tensión o presión de la corriente, hace que los aparatos trabajen mal y que los focos iluminen menos.

Cuando el voltaje se cae 10%, es decir, que se tiene sólo el 90% del voltaje normal, únicamente se dispone del 81% de la fuerza normal y un foco encenderá al 70% de su luz normal.

La baja de voltaje no se puede evitar (más que con aparatos especiales) pero se puede mantener a niveles prácticos usando alambres y cables de tamaño adecuado y suficiente. Una caída del 2% es perfectamente aceptable.

Lo más fácil sería poner cable muy grueso, con lo que evitaríamos el calentamiento peligroso, el desperdicio y la caída excesiva de voltaje. Pero el cable grueso es más caro.

Y al revés, si ahorramos mucho en la instalación colocando un cable delgado, después sale peor, por la gran cantidad de corriente desperdiciada que hay que pagar en exceso a lo que ahorramos. Para escoger el calibre adecuado se determina el amperaje que deberá llevar el conductor y se elije aquel que sobrepase un poco ese amperaje.
Los amperios que puede llevar con seguridad cada calibre aparecen en la tabla que sigue.

> Para calcular las cargas damos una guía en un capítulo final, al indicar como se determinan los circuitos.

CALIBRE DEL CONDUCTOR	AMPERAJE
14	15
12	20
10	30
8	40
6	55
4	70
2	95
0	125

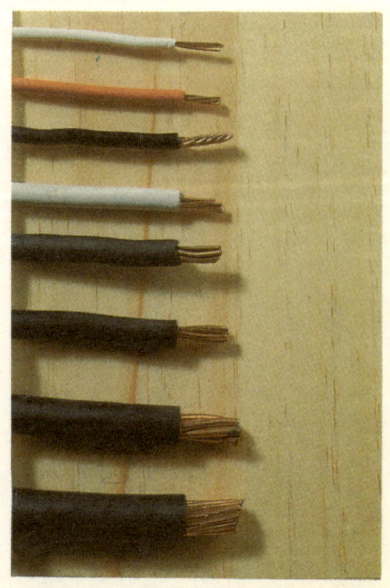

MANUAL DE INSTALACIONES ELÉCTRICAS

CONDUCTORES

CIRCUITOS

Siempre deben correr dos cables desde la entrada o toma de la corriente hasta el contacto o lámpara, motor o cualquier otro equipo eléctrico.

Cada par de cables que llevan corriente a los contactos, lámparas y aparatos de una casa deben estar protegidos por un fusible en el punto en que arrancan.

Ese par de cables protegidos por un fusible que sirven a uno o varios contactos y lámparas en una casa, se llama circuito. (Aunque como veremos más adelante, en los circuitos trifásicos corren cuatro cables).

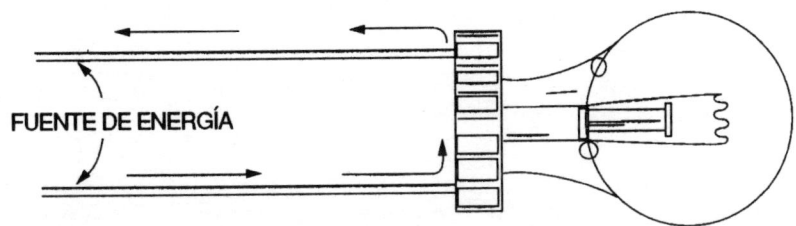

En un circuito simple de 110 voltios, que es el que se usa para la mayoría de las casas, el cable negro u oscuro es el cable vivo y el cable blanco o claro es el cable neutro.

El circuito más simple es una lámpara siempre **encendida**.

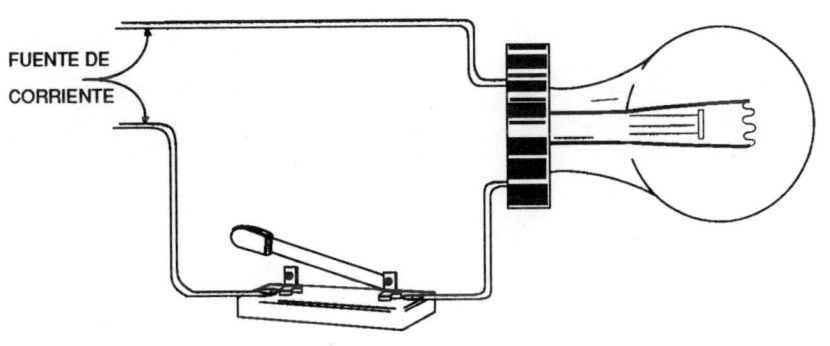

Para que el foco se pueda prender y apagar se pone un interruptor o apagador. Abrir el interruptor equivale a cortar el alambre. Cuando se interrumpe el paso de la corriente, el foco se apaga.

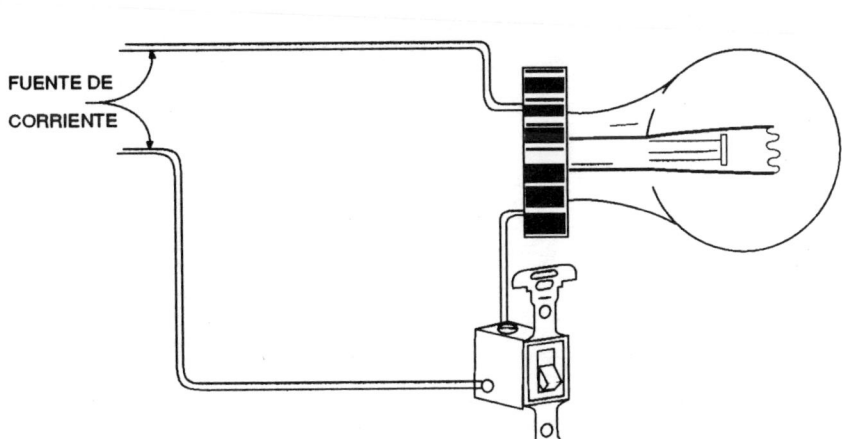

Para que no sea peligroso conectar y desconectar los conductores de un circuito, los apagadores deben estar totalmente aislados; por tanto, el apagador abierto se cambia por un apagador cerrado que es seguro.

MANUAL DE INSTALACIONES ELÉCTRICAS

CIRCUITOS

CONDUCTORES

Si en lugar de una lámpara se van a poner varias en un circuito, no hay que cometer el error de alambrarlas en serie, ya que si se funde un foco, todos los demás quedarán sin corriente y se apagarán.

Los circuitos de focos en serie sólo son para propósitos muy especiales.

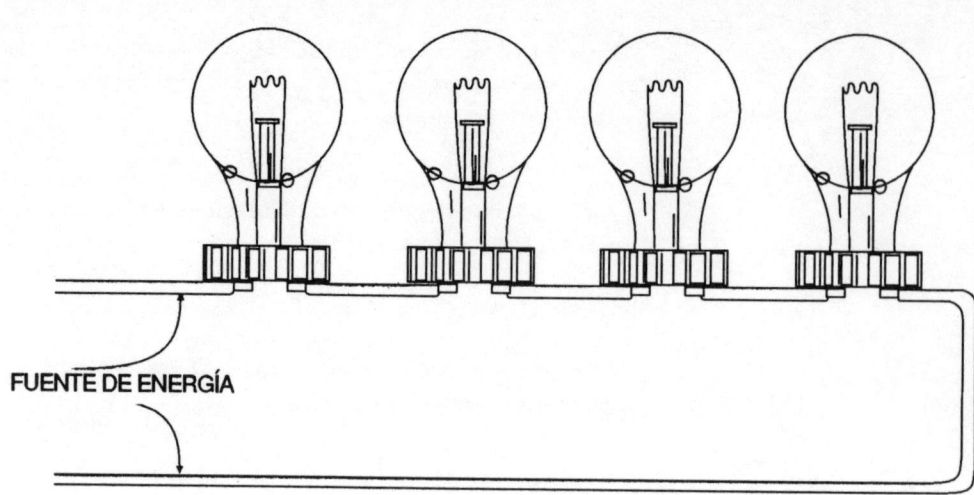

Lo correcto es alambrar los focos en paralelo. En un circuito en paralelo el cable blanco va a cada lámpara y el cable negro también va a cada lámpara.

Cada lámpara enciende independientemente, aunque se funda alguna.

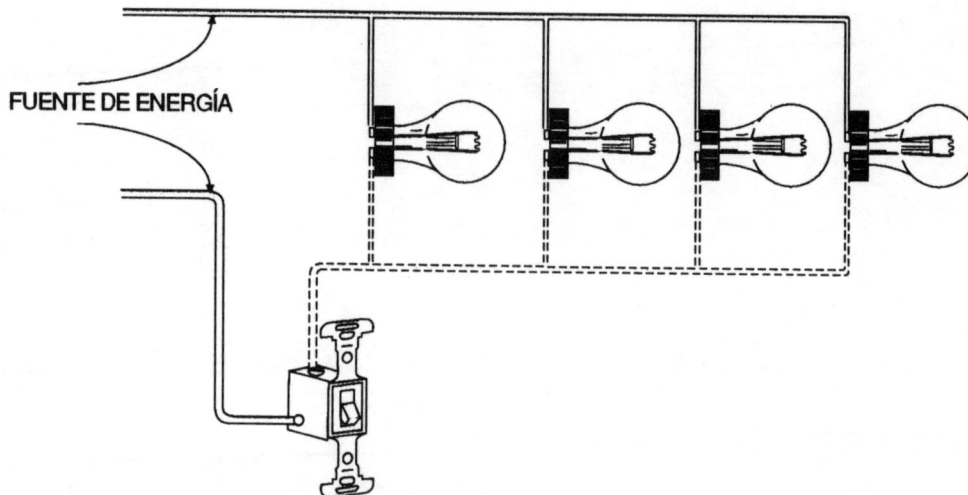

Si cada lámpara va a ser controlada por un apagador diferente, el apagador se pone en el entronque de cada ramal negro de la lámpara.

Cada lámpara está controlada por su propio apagador, de modo que el cable corre desde la fuente, hasta cada lámpara.

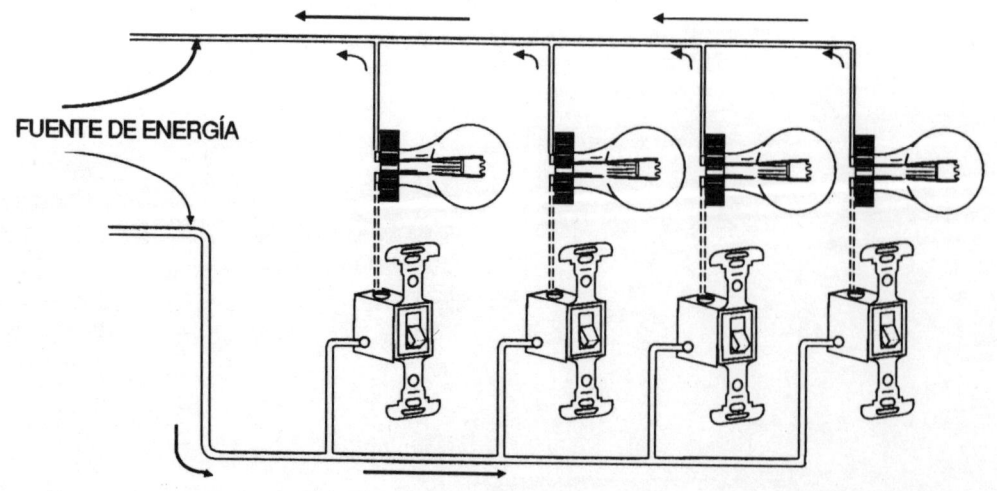

CONDUCTORES

CIRCUITOS

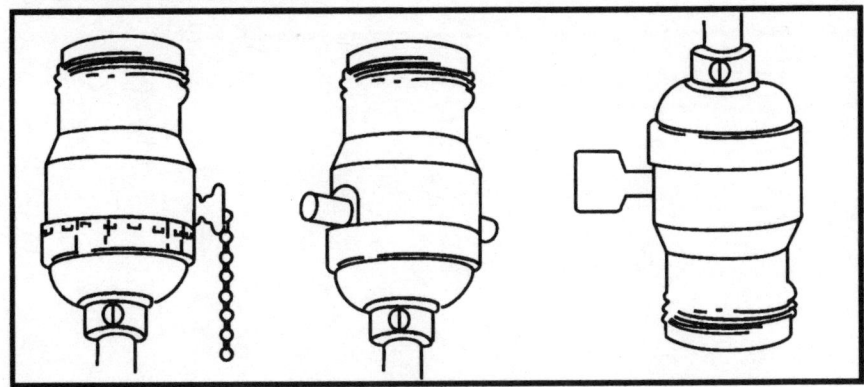

Cuando el apagador de una lámpara está en la propia lámpara, dentro del socket que sostiene al foco, ya sea que consista en una perilla, un botón o una cadena, el apagador actúa igual que en el diagrama anterior. Es como cambiar el apagador de la pared, por uno de lámpara.

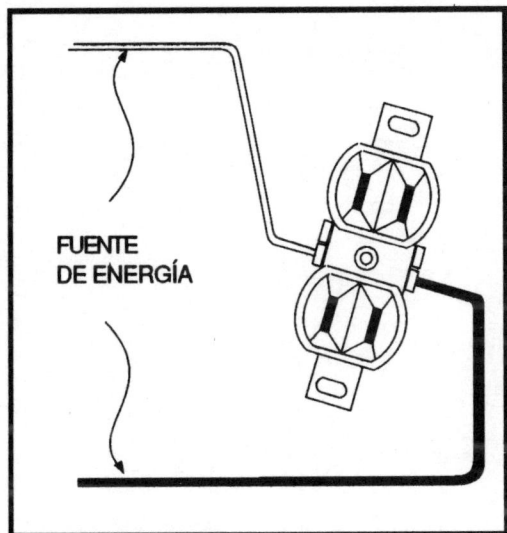

El alambrado de contactos es mucho más simple. Si sólo hay un contacto, se corre el cable negro desde la fuente hasta el tornillo de un lado, y el cable blanco se corre hasta el tornillo del otro lado.

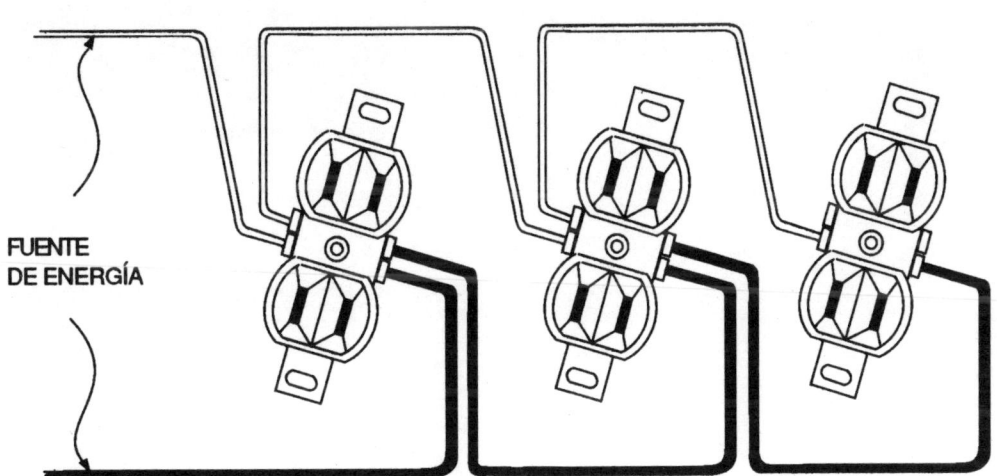

Si hay varios contactos, corra el cable negro a uno de los tornillos laterales del primer contacto y desde allí al segundo, luego, al tercero y así sucesivamente, hasta el último contacto. Luego, haga lo mismo con el cable blanco.

Los contactos generalmente tienen dos tornillos terminales a cada lado, de manera que es fácil correr o "puentear" los cables de uno a otro.

MANUAL DE INSTALACIONES ELÉCTRICAS

CIRCUITOS

CONDUCTORES

Cuando se van a alambrar varios grupos de contactos en un circuito, cada grupo puede estar alambrado por un par de cables independientes, que salen y regresan a un punto común, como en este ejemplo, en que los diagramas anteriores se han combinado en uno solo, que de esa manera consume mucho material.

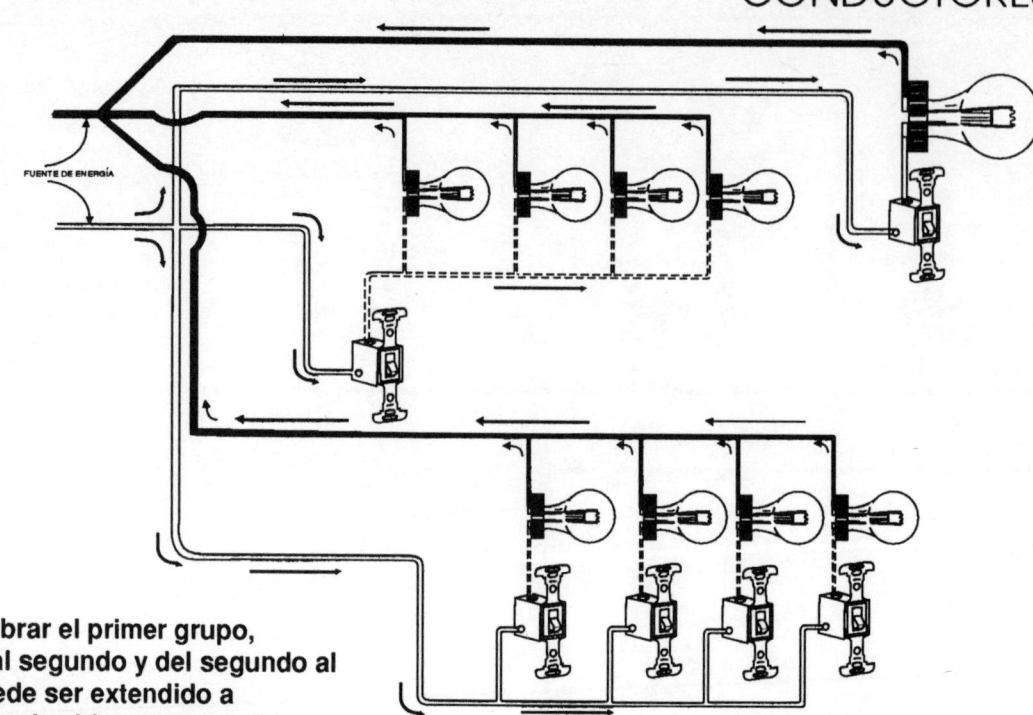

Es mucho más simple alambrar el primer grupo, después correr los cables al segundo y del segundo al tercero. El cable blanco puede ser extendido a cualquier salida. Igualmente el cable negro puede ser extendido a cualquier punto, siempre y cuando regrese a la fuente sin interrupción de algún apagador.

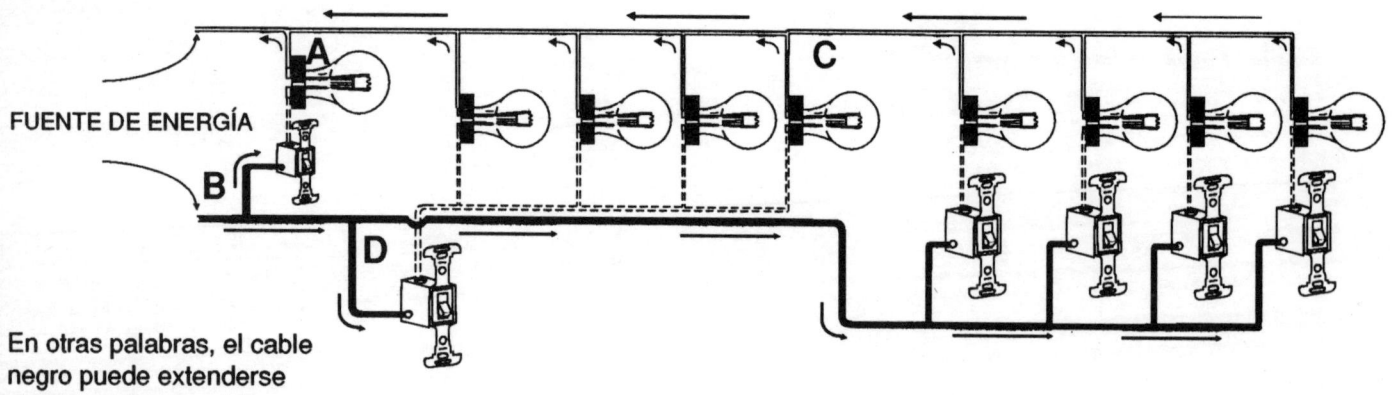

En otras palabras, el cable negro puede extenderse desde cualquier cable negro indicado por la línea sólida, pero no debe ser extendido desde ningún punto de la línea punteada. Los puntos A y B son salidas del segundo grupo y los puntos C y D son la salida para el tercer grupo.

Al alambrar el apagador de una lámpara y un contacto abajo del apagador de pared, también hay un gran ahorro de cable, pues el mismo cable negro alimenta al apagador y al contacto, es decir, es común a los dos, mientras que el cable blanco es independiente para cada uno.

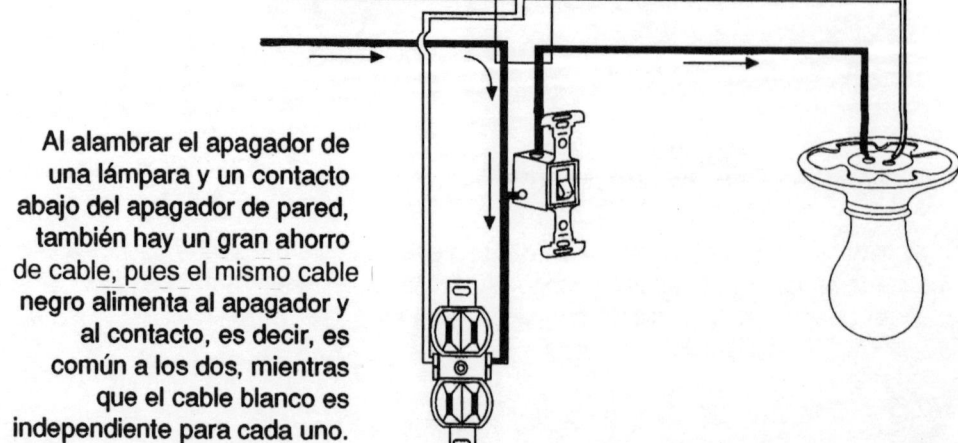

CONDUCTORES

APAGADORES DE ESCALERA

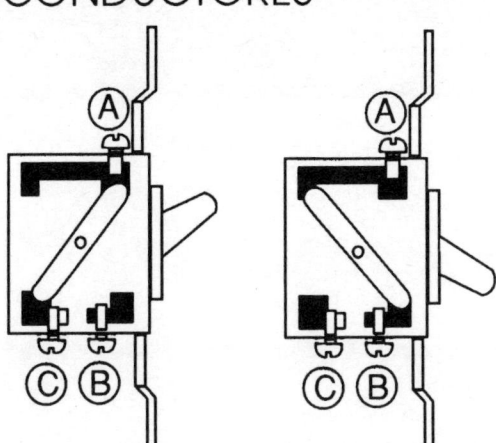

El apagador que se usa para controlar la luz desde un solo punto se llama apagador de un solo polo.
Pero algunas veces se necesita poder prender y apagar la luz desde dos lugares diferentes, como al principio y al final de una escalera.

Para eso hay unos apagadores especiales, conocidos como de tres polos o de escalera. Sin embargo, a pesar de su nombre no controlan la luz desde tres puntos sino sólo desde dos.

Estos apagadores tienen tres diferentes terminales para los cables.
La corriente entra por la terminal A y sale por la B o la C, dependiendo de la posición del botón.
En una posición el botón conecta la terminal A con la B, mientras que en la otra la conecta con la C.

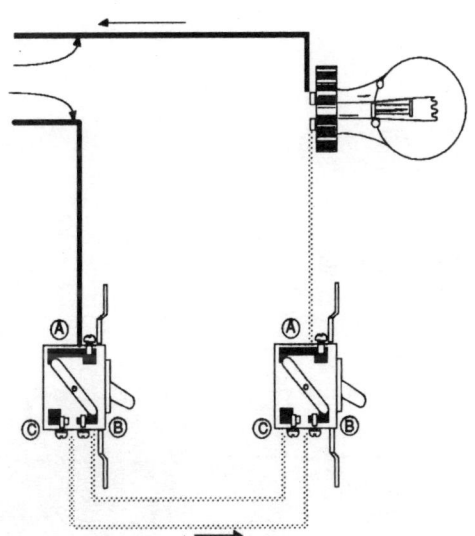

Cuando el botón de los dos apagadores está abajo, la corriente queda interrumpida.

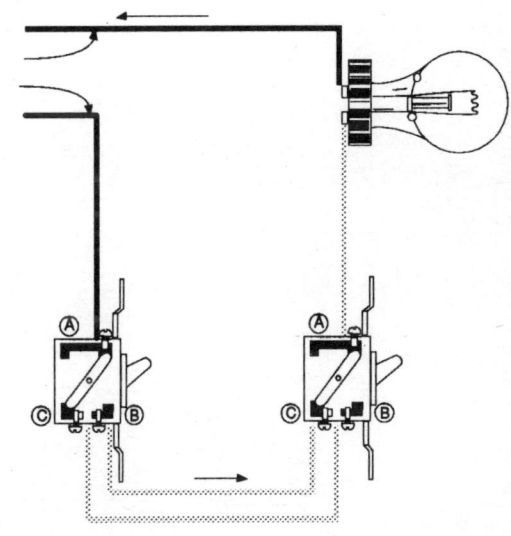

Cuando el botón de los dos apagadores está arriba en los dos, la luz sigue interrumpida.

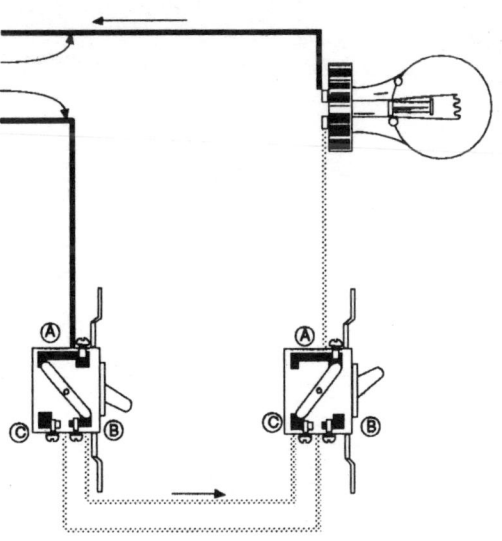

Pero cuando un botón está arriba y otro abajo, la luz se enciende.

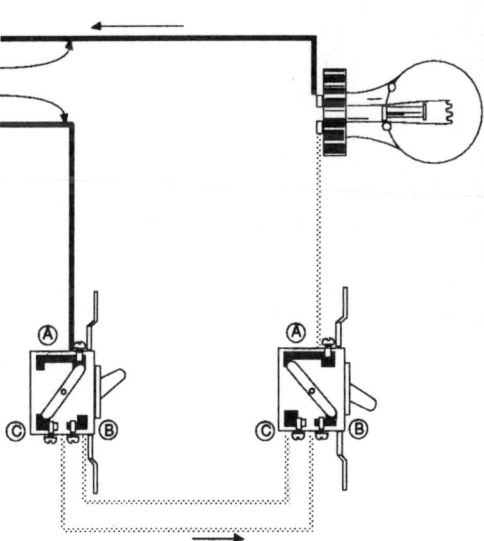

Aun cuando los botones estén en la posición opuesta, la luz sigue encendida porque el circuito queda cerrado.

MANUAL DE INSTALACIONES ELÉCTRICAS

CORRIENTE BIFÁSICA Y TRIFÁSICA

CONDUCTORES

Hemos indicado hasta aquí las formas más comunes de circuitos de una fase o sea de 120 voltios, con un cable vivo y uno neutro.

Pero cuando se tienen aparatos o motores que consumen corriente de 220 o 240 voltios, se necesita tener corriente de dos fases o bifásica. En la corriente de dos fases se tienen dos líneas con corriente de 120 voltios cada una y uno o dos cables neutros.

Cuando sólo hay un cable neutro debe ser de calibre 1.4 veces mayor que el calibre de las líneas con corriente.

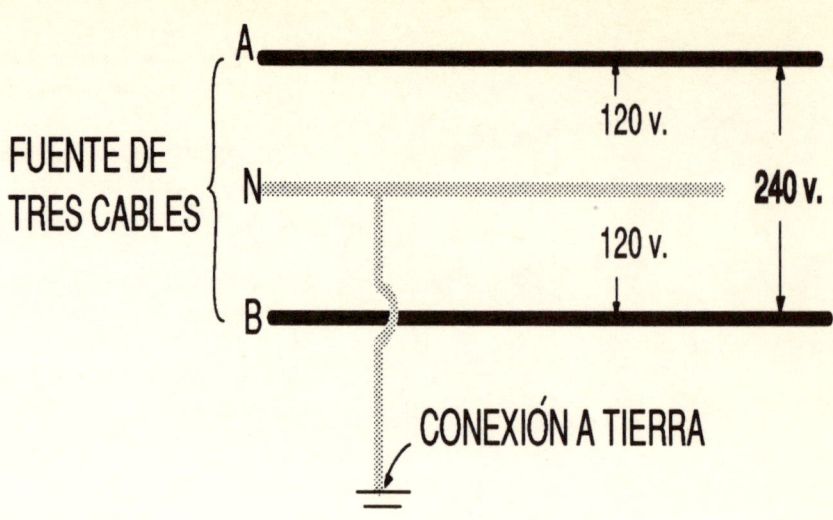

Para alimentar el aparato o motor con corriente de 220 o 240 voltios, se conectan al aparato dos cables negros en lugar de uno negro y uno blanco.

Para que no haya confusión, los contactos de corriente de 240 voltios tienen una entrada diferente y necesitan una clavija especial, que embone con el contacto.
Esto se hace así porque, si un aparato que consume 120 voltios se enchufa a un contacto que lleva 240 voltios, el aparato se funde inmediatamente. Si hay un contacto especial, entonces las clavijas normales de la corriente de 120 voltios no se pueden enchufar en la corriente de mayor voltaje.

El circuito trifásico lleva tres líneas de corriente, cada una con 120 voltios y un cable neutro. Se usa generalmente para motores de gran potencia.

Hay ocasiones en que la corriente bifásica y trifásica se instalan en una casa para no recargar una sola línea de 120 con todas las lámparas y aparatos eléctricos. De esa manera los circuitos se reparten entre dos o tres fases y los conductores pueden ser de un grueso normal, porque no llevan sobrecargas.

CONDUCTORES

CONDUCTORES A TIERRA

Hay algunos aparatos eléctricos, como las lavadoras de ropa, secadoras y otros aparatos de motor que tienen una clavija con tres patas en vez de dos.

Para esas clavijas de tres patas hay unos contactos con tres agujeros.

También hay adaptadores para cuando no se quiere hacer una instalación nueva.

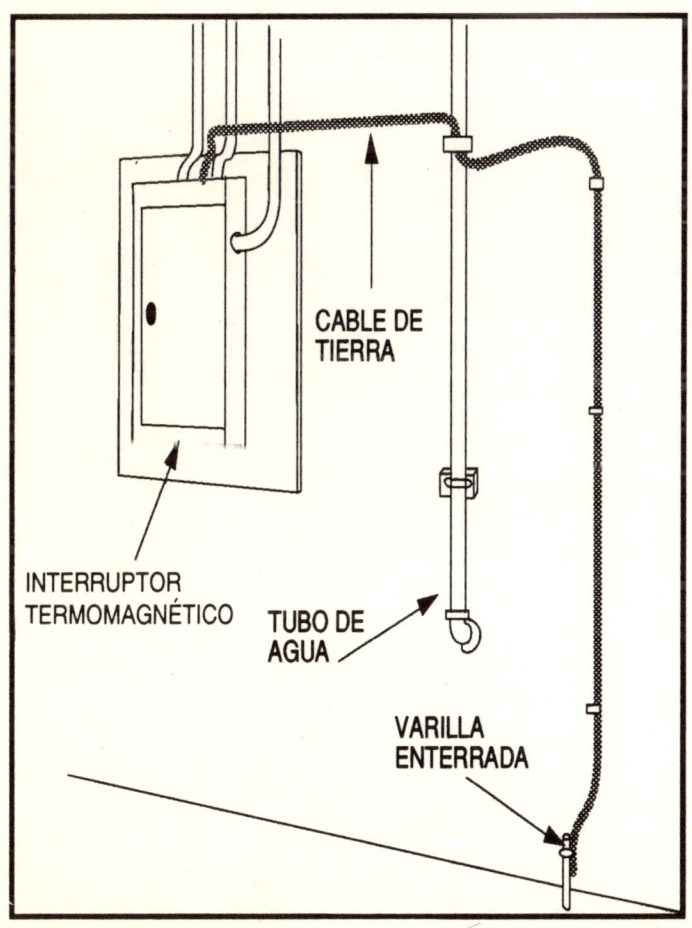

La tercera pata es la pata del cable de tierra. Tierra significa un cable independiente de los de la corriente que va conectado a la tubería de agua o a una varilla de cobre enterrada.

Es un cable que no lleva corriente. A él se conectan las partes metálicas de los aparatos que tampoco llevan corriente, como los receptáculos, las cajas y el tubo conduit.
Esas partes no llevan corriente pero podrían llevarla en caso de un defecto del sistema o del aparato y con ese cable se protege de cualquier descarga inadecuada.

Además, las partes metálicas pueden acumular corriente estática, que con el tiempo puede dañar los aparatos o producir ligeros toques a quien pone sus manos sobre el metal del aparato. Cuando estas partes están conectadas a tierra, la energía estática no se acumula, sino que constantemente se está descargando a través del cable de tierra.

Para conectar a tierra se usa cable verde. El cable verde nunca se debe emplear para otra cosa. Nunca debe pasar por un fusible o por un interruptor y siempre debe correr sin interrupción.
Cuando hay un cable de tierra corren tres cables, el negro, el blanco y el verde de tierra o tierra falsa.

MANUAL DE INSTALACIONES ELÉCTRICAS

Con mucha frecuencia, al hacer las instalaciones eléctricas hay que unir un conductor a otro. Las uniones deben ser siempre lo suficientemente fuertes para hacer un buen contacto eléctrico y quedar perfectamente aisladas.

Son cuatro los pasos que hay que dar para hacer una buena unión. Primero, pelar o desnudar los cables.

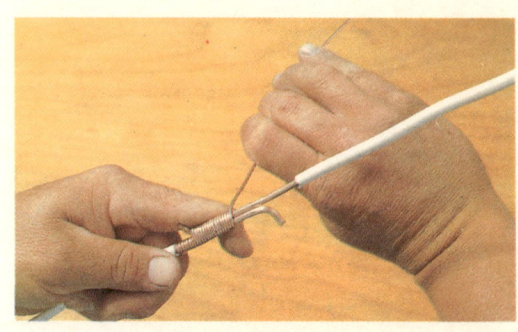

Luego, hacer el amarre de los cables desnudos.

Si se quiere tener un amarre perfecto, hay que soldar o estañar, para garantizar la fuerza de la unión y su contacto perfecto.

Por último, hay que aislar la unión con cinta de aislar.

UNIÓN DE LOS CABLES

Pelado de los conductores 52
Unión de cola de cochino 54
Amarre "western unión" 55
Unión para derivar alambre 56
Unión de alambres gruesos 57
Conexión a accesorios 58
Derivar cables 61
Prolongar cables 63
Soldado o estañado de las uniones 65
Aislado de las uniones 66
Amarres con conectores de plástico 67

PELADO DE LOS CONDUCTORES

UNIÓN DE LOS CABLES

El pelado de los conductores puede hacerse con navaja, pinzas de electricista o con pinzas especiales para pelar alambre.

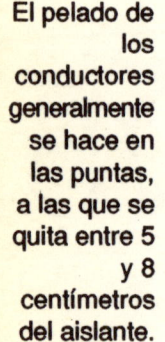

El pelado de los conductores generalmente se hace en las puntas, a las que se quita entre 5 y 8 centímetros del aislante.

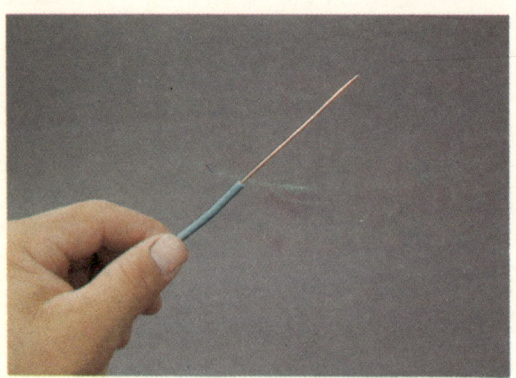

Cuando no se pela la punta, sino un lugar intermedio, se quitan nada más unos 3 centímetros, cosa que generalmente se hace con la navaja.

Para pelar con la navaja primero se marca el lugar donde se debe comenzar y terminar de quitar el aislante.

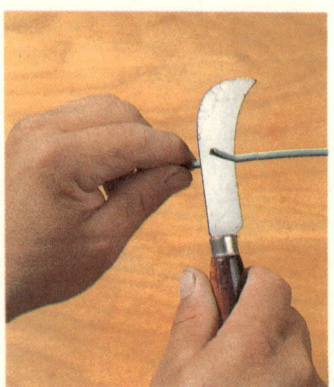

Con la navaja inclinada, para no dañar el metal, se quita el aislante del tramo que se marcó.

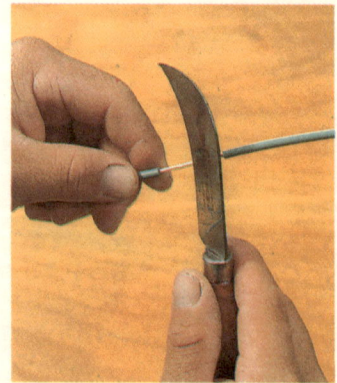

Enseguida se raspa el metal y se limpia con la parte sin filo de la navaja, hasta que el metal queda brillante.

52 MANUAL DE INSTALACIONES ELÉCTRICAS

UNIÓN DE LOS CABLES

PELADO DE LOS CONDUCTORES

Para pelar con las pinzas de electricista primero se aprieta el aislante, a fin de suavizar la parte que debe salir.

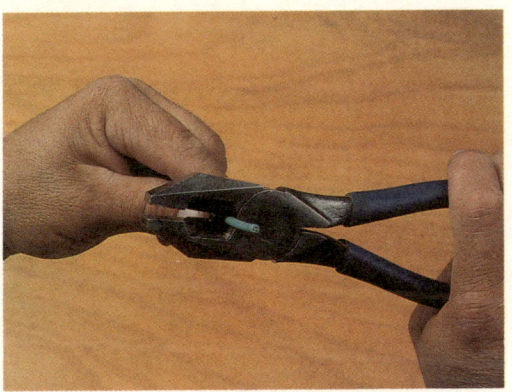

Luego se ponen las cuchillas de la pinza en el lugar en que se debe comenzar a quitar el aislante. Se aprieta lo suficiente para cortar el aislante, pero sin tocar el conductor. Se gira el conductor o las pinzas para cortar todo el aislante alrededor del metal, todo sin dañar el conductor.

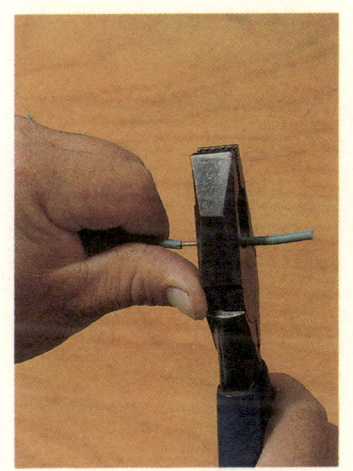

Enseguida se empuja el aislante hacia afuera, que ya suavizado saldrá fácilmente.

Después se raspa el alambre o se lija con lija de agua, hasta que queda brillante.

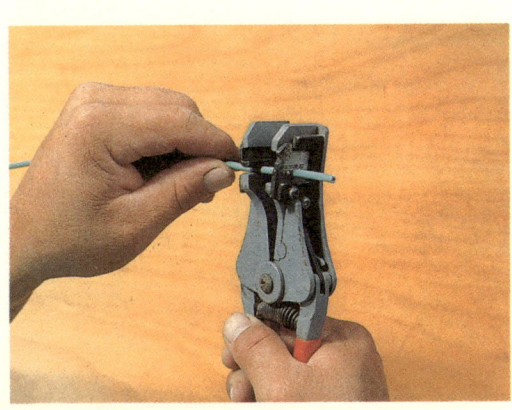

La forma más rápida de quitar el aislante es con las pinzas para pelar alambre. Se colocan en el punto en que se debe cortar, se aprietan y jalan para quitar hacia afuera el aislante.

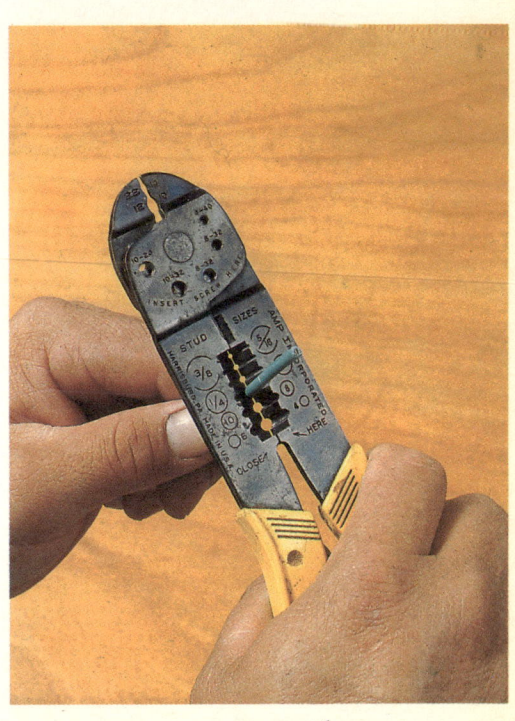

MANUAL DE INSTALACIONES ELÉCTRICAS

UNIÓN DE COLA DE COCHINO

UNIÓN DE LOS CABLES

Hay diversas clases de amarres, según el calibre y el número de hilos del conductor y el propósito de la unión. Aquí mostraremos cómo se hacen los más comunes y frecuentes.

Pele unos 5 cm de las dos puntas, que se unen paralelas, lo más juntas posible, con sus partes aisladas lado a lado.

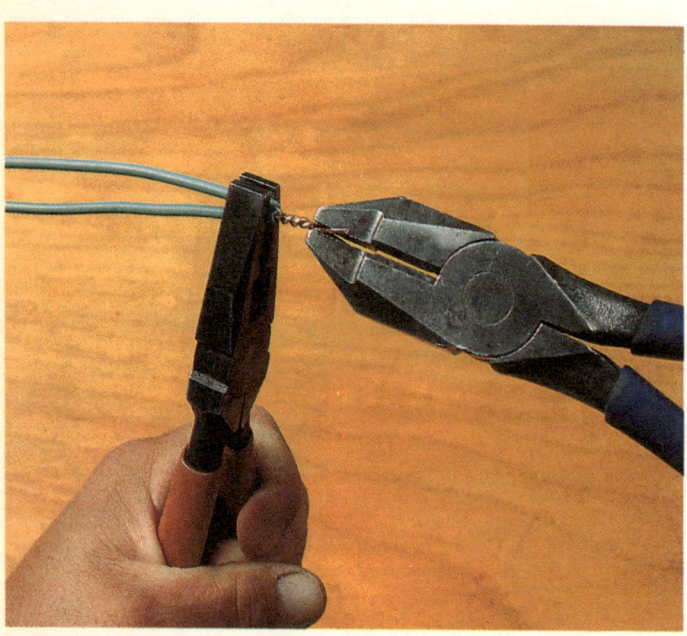

Tuerza las puntas peladas juntas como si fueran una cuerda o reata.
Si el alambre es grueso, como el del número 12, utilice unas pinzas adicionales en la otra mano. Con una, sostenga los alambres y con la otra, apriete bien el amarre. Unas cinco vueltas son suficientes.

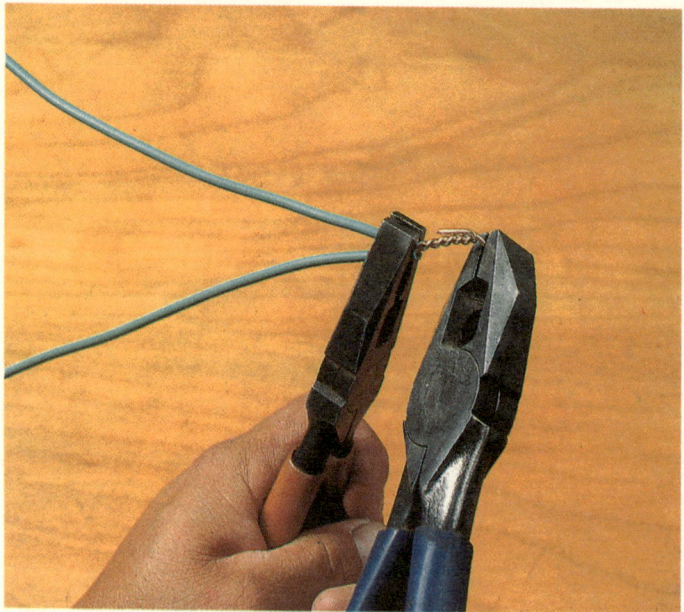

Doble lo que queda de las puntas a la largo del enrollado para que después no rompan la cinta aislante.

Luego se sueldan y aíslan.

Esta unión no se debe emplear cuando los cables están en tensión. Generalmente se usa para hacer las uniones de conductores en las cajas de salida.

UNIÓN DE LOS CABLES

AMARRE WESTERN UNIÓN

Un amarre que sí aguanta la tensión es el llamado Western Unión o Western, pues ocupa más punta y es mucho más fuerte.

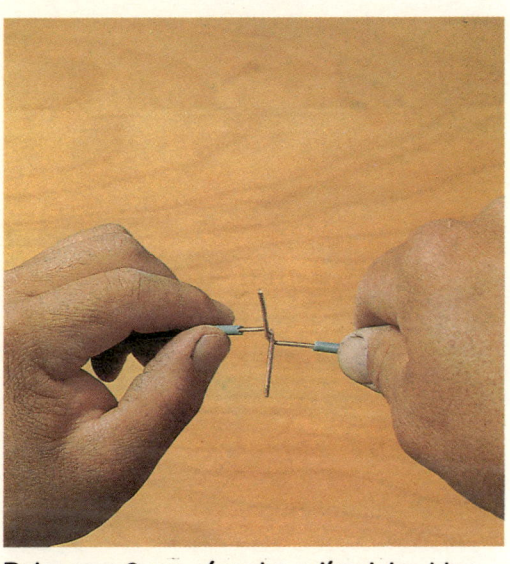

Pele unos 8 cm, ráspelos y límpielos bien. Haga a cada cable un doblez en forma de "L" a unos 2.5 cm del aislante.

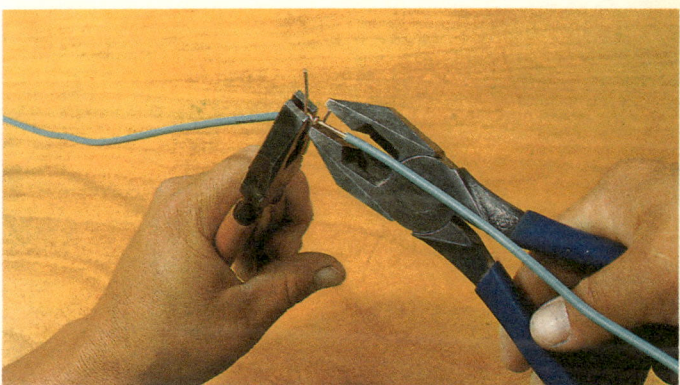

Cruce los cables y con sus dedos doble una punta sobre la otra. Con las pinzas enrolle alrededor del otro alambre la punta que le quede al lado derecho, apretando las espiras o vueltas con las pinzas.

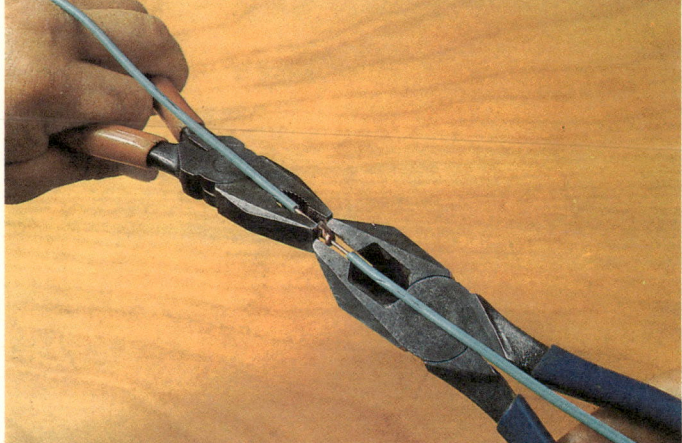

Cuando todo ese alambre esté enrollado, enrolle el otro, trabajando en la dirección contraria o inversa.

Corte los extremos sobrantes si los hay y suelde.

UNIÓN PARA DERIVAR ALAMBRE

UNIÓN DE LOS CABLES

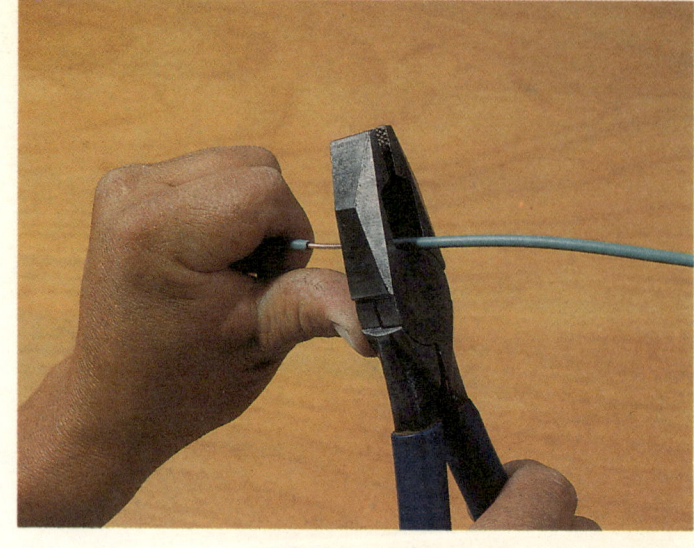

Cuando un alambre se debe unir a otro que corre sin interrupción, pele tres centímetros del cable que corre, utilizando la navaja o unas pinzas.

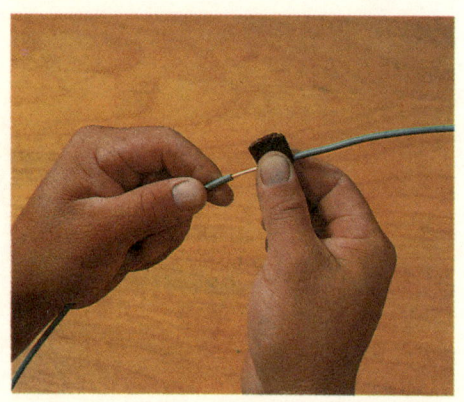

Luego, raspe y limpie el alambre.

De ese modo queda una sección de alambre desnudo, con aislante en los dos extremos.

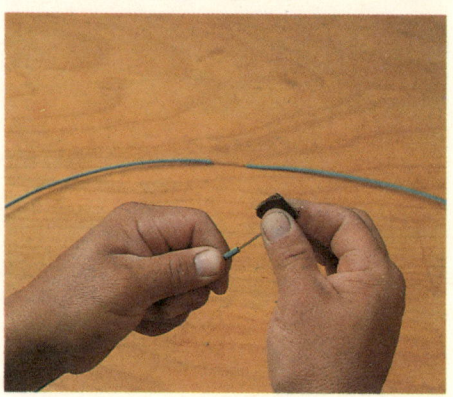

Ahora pele 8 cm del alambre que va a unir, ráspelo y límpielo

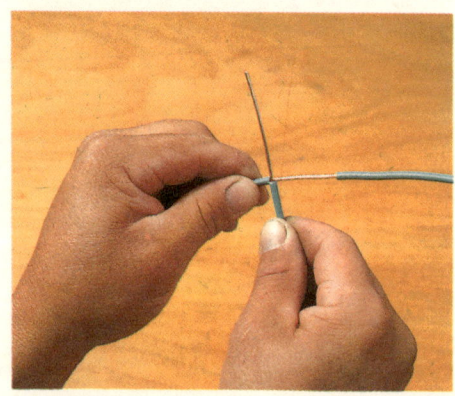

En el lado izquierdo del cable principal coloque, en ángulo recto, la punta del alambre derivado, a la altura donde empieza el aislante.

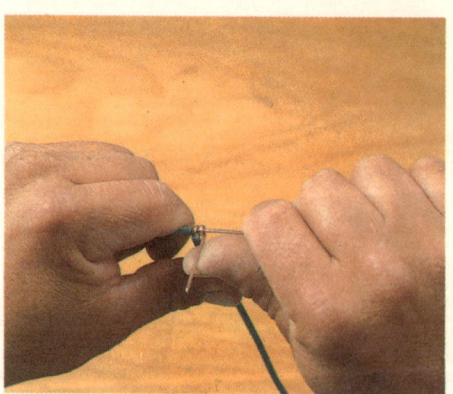

Con su mano, enrolle el alambre derivado sobre el principal.

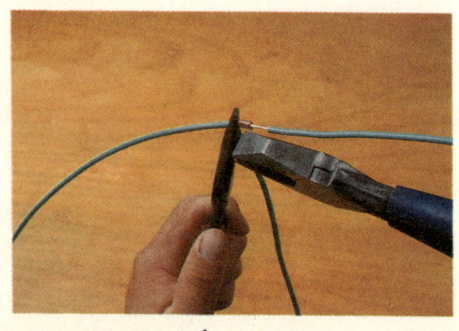

Ahora, con las pinzas, apriete las espiras o vueltas y remate la punta o córtela, pues las espiras no deben montarse sobre el aislante.

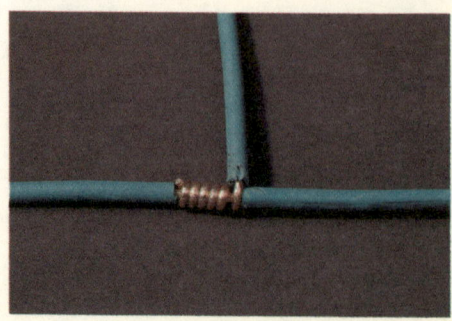

Estañe o suelde la conexión y aíslela.

UNIÓN DE LOS CABLES

UNIÓN DE ALAMBRES GRUESOS

Cuando se trata de unir alambres más duros y gruesos, se hace un amarre con otro alambre más delgado.

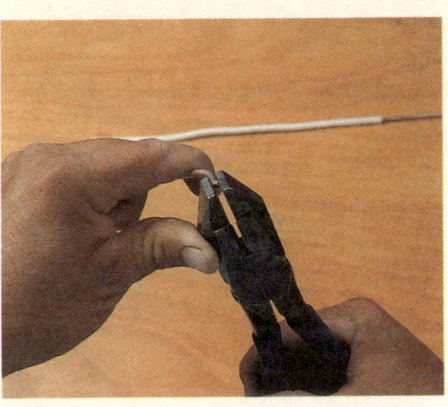

Pele y limpie las puntas del alambre grueso unos 10 cm.

Con la pinza doble el extremo en L, aproximadamente medio centímetro.

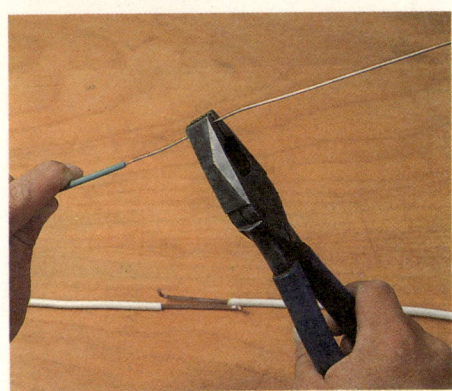

Pele un trozo largo de alambre más delgado que el que va a unir, como de la mitad.

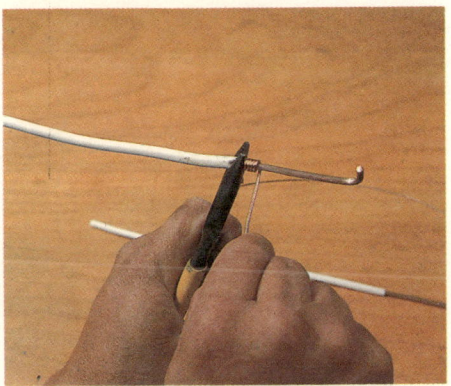

Comience a enrollar ese alambre sobre una de las puntas, justo donde comienza el aislante. Dé unas diez vueltas, apretando con las pinzas. No corte el alambre.

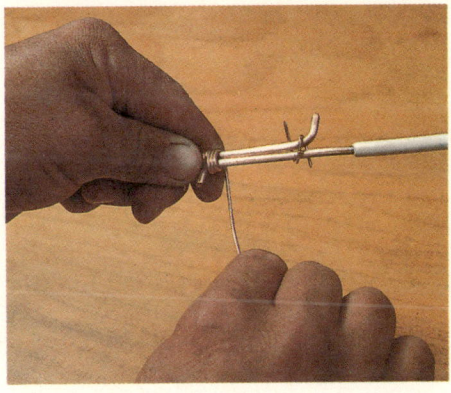

Ahora, junte las puntas de los alambres duros, uno con el doblez para arriba y otro con el doblez para abajo. Mantenga los alambres en esa posición mientras continúa enrollando el alambre delgado sobre los dos alambres gruesos.

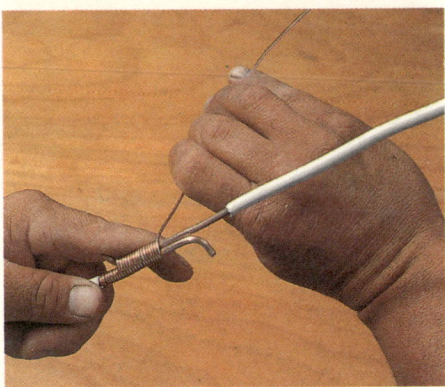

Siga dando vueltas sobre ambos conductores.

Termine de enrollar el alambre delgado hasta donde comienza el aislante. Estañe y aísle el amarre.

MANUAL DE INSTALACIONES ELÉCTRICAS

CONEXIÓN A ACCESORIOS

UNIÓN DE LOS CABLES

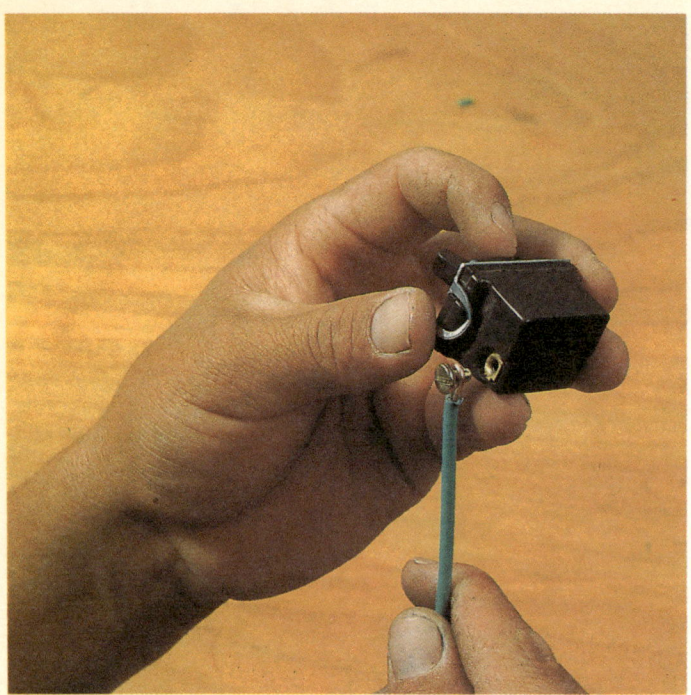

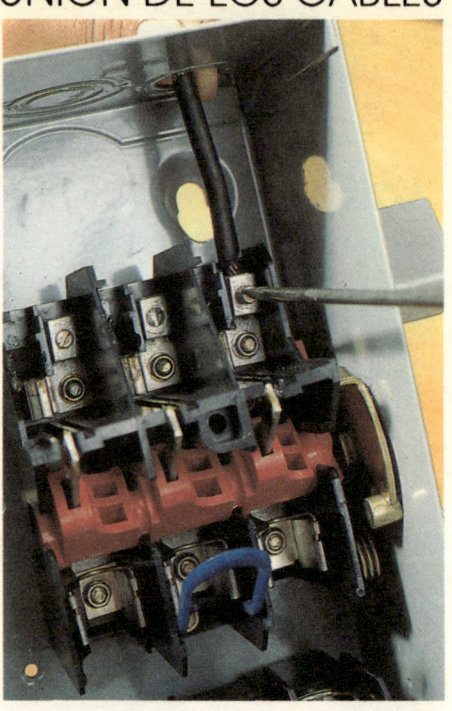

Hay dos tipos de conexiones a las que los cables o alambres se pueden unir. En una, el alambre se enrolla en un tornillo. Se usa con conductores más delgados que el número 10.

Para conductores más gruesos que el 10, los alambres o cables se insertan en un hueco o canal de la terminal y un tornillo las aprieta.

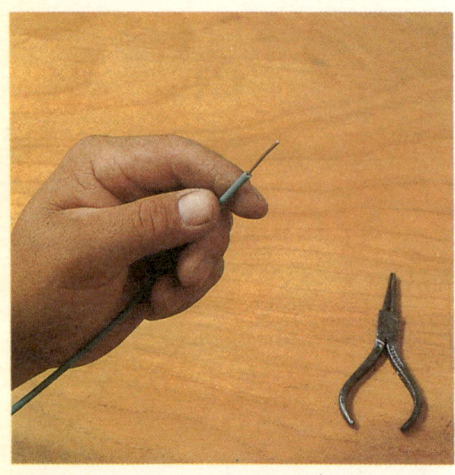

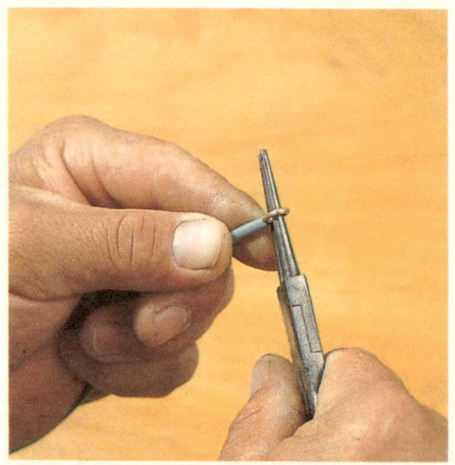

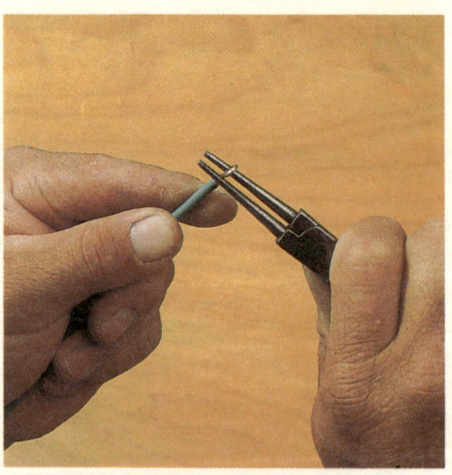

Para conectar un conductor (ya sea alambre o cable) a un tornillo terminal en un apagador, una lámpara o un contacto, se hace un ojal en el extremo del conductor.
Para ello pele y limpie el extremo del conductor, unos dos o tres centímetros.

Coloque la punta del conductor en las pinzas de punta redonda, en el lugar en que tienen aproximadamente el mismo diámetro que el tornillo. Doble girando la pinza hasta que la punta pegue con el conductor.

Saque la pinza y con la parte más delgada de la misma tuerza el ojal, dándole un giro contrario, hasta que el tamaño del ojal sea igual que el diámetro del tornillo.

UNIÓN DE LOS CABLES

CONEXIÓN A ACCESORIOS

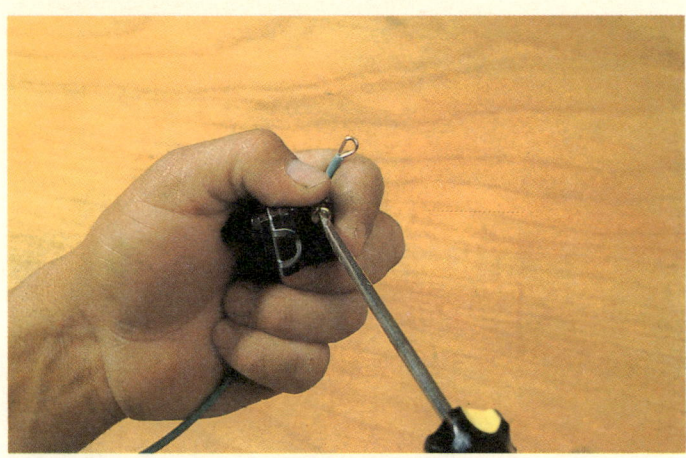

Para fijar el conductor quite el tornillo de la placa.

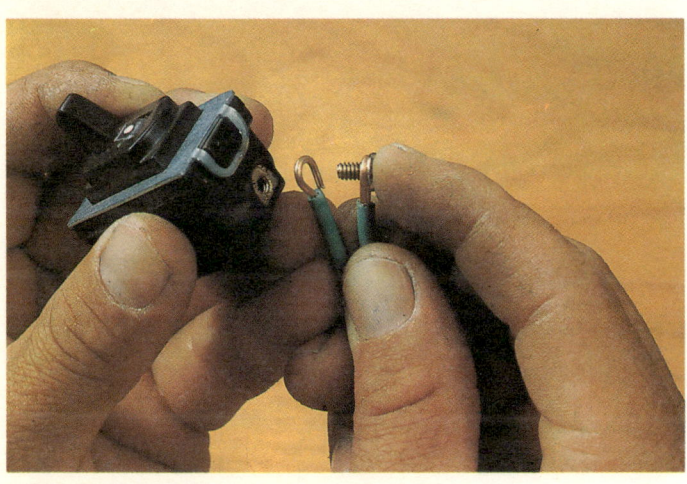

El aro que forma el ojal debe ser colocado en el tornillo, en el mismo sentido que las manecillas del reloj, de manera que no se abra al apretar el tornillo.

Luego, se mete el tornillo en el ojal y se atornilla a la placa, de manera que quede firmemente aprisionado.

Otra manera de colocar la punta de un alambre conductor en un aparato es, simplemente, haciéndole un gancho con las pinzas de punta.

Luego, se afloja el tornillo pero sin sacarlo, y se ensarta el gancho. Enseguida, con las pinzas de punta se cierra el gancho, para formar un ojal alrededor del tornillo.

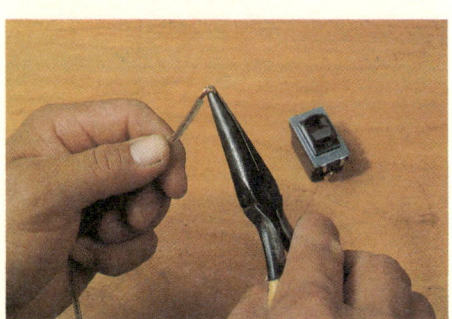

Los cables, es decir, los conductores que llevan varios hilos, se conectan a los aparatos de la misma manera que los alambres, haciendo un gancho.

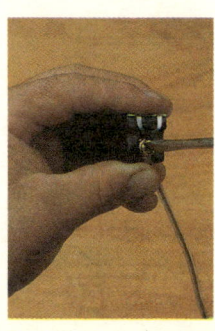

Que luego se coloca alrededor del tornillo, que se aprieta.

MANUAL DE INSTALACIONES ELÉCTRICAS

CONEXIÓN A ACCESORIOS

UNIÓN DE LOS CABLES

Pero hay un modo especial de colocar los cables que evita que queden algunos sueltos. Primero se pelan unos 5 centímetros de cable.

Luego, se desenrollan y se abren en dos mitades.

Se afloja el tornillo del aparato y, sin sacarlo, se mete una mitad del cable a cada lado del tornillo.

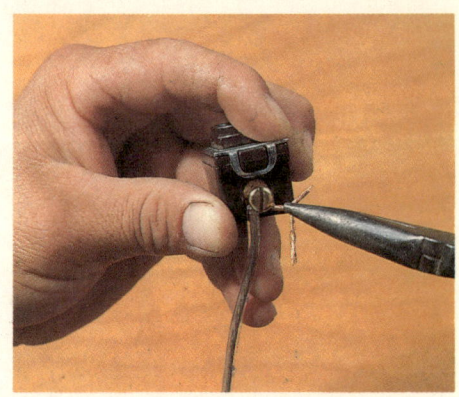

Con las pinzas de punta se cierran y unen las dos puntas del cable y se tuercen firmemente, hasta que el tornillo queda aprisionado con los cables.

Se aprieta un poco el tornillo y se corta la punta sobrante.

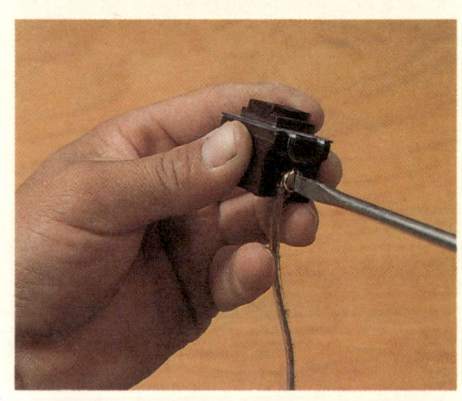

Finalmente se aprieta firmemente el tornillo.

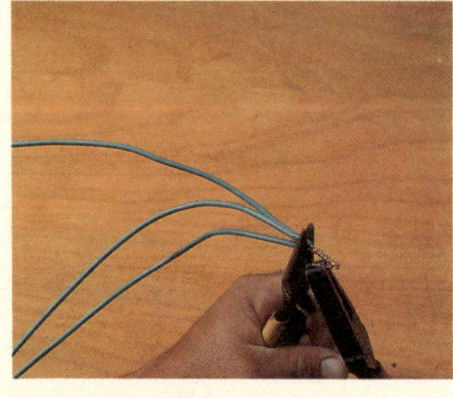

Nunca trate de unir dos cables o dos alambres en el mismo tornillo terminal.

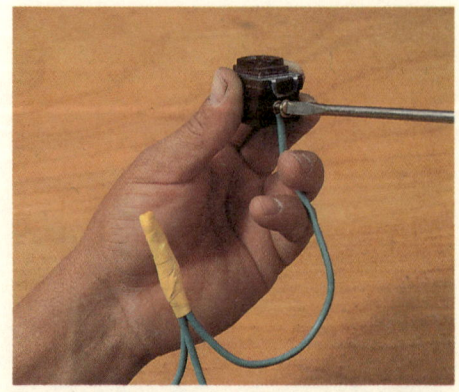

Mejor tome un trozo de cable extra, amarre las tres puntas y aíslelas. Luego, conecte al tornillo la punta del cable extra.

UNIÓN DE LOS CABLES

DERIVAR CABLES

Cuando se trata de cables con varios hilos y no de alambres, y el amarre estará sujeto a tensión, la unión de una punta de cable a otro que corre se hace de manera un poco distinta.

Pele un tramo de unos 3 cm del cable principal.

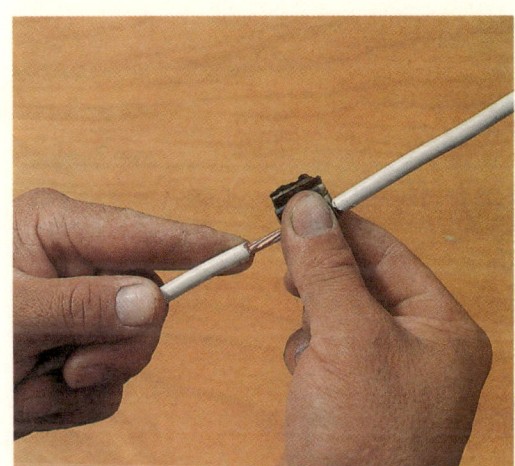

Con una lija, limpie el tramo que peló.

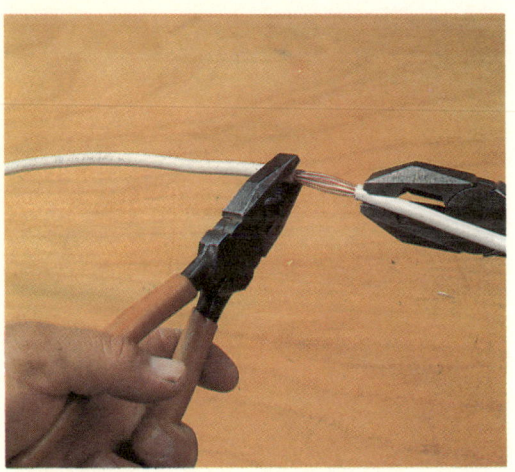

Abra el cable principal con las pinzas, girándolo en sentido contrario al torcido de sus hilos.

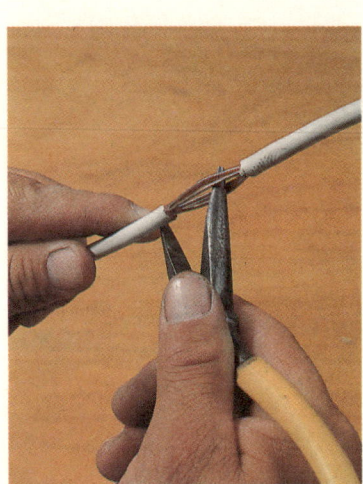

Meta el desarmador o las pinzas de punta en medio de la zona pelada, dejando una abertura para que entre la punta del cable derivado.

Como el cable tiene siempre un número impar de hilos, en un lado de la abertura deberá quedar un hilo más que en la otra.

MANUAL DE INSTALACIONES ELÉCTRICAS 61

DERIVAR CABLES

UNIÓN DE LOS CABLES

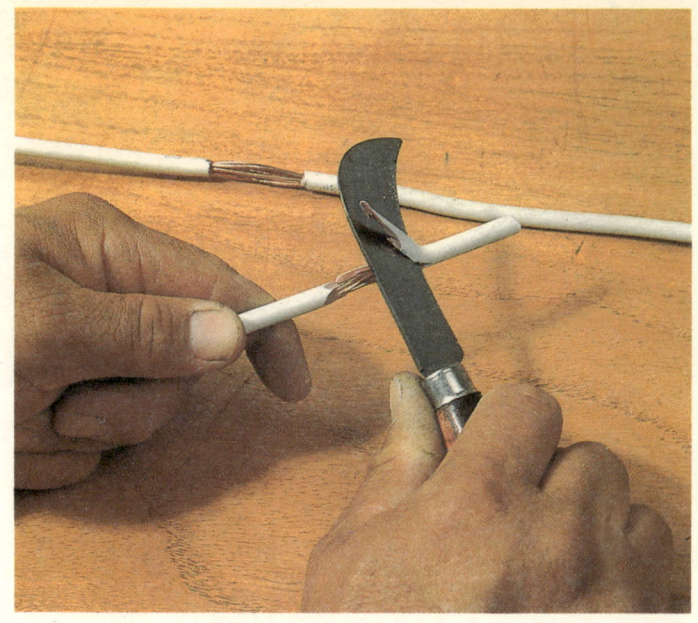

Pele y limpie el extremo del cable derivado y enderece los cables.

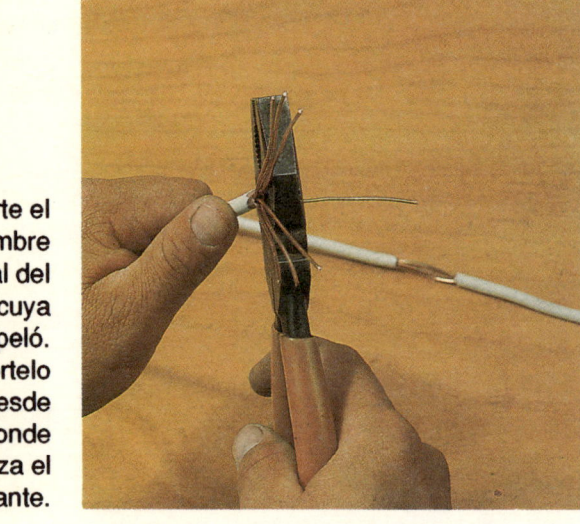

Corte el alambre central del cable cuya punta peló. Córtelo desde donde comienza el aislante.

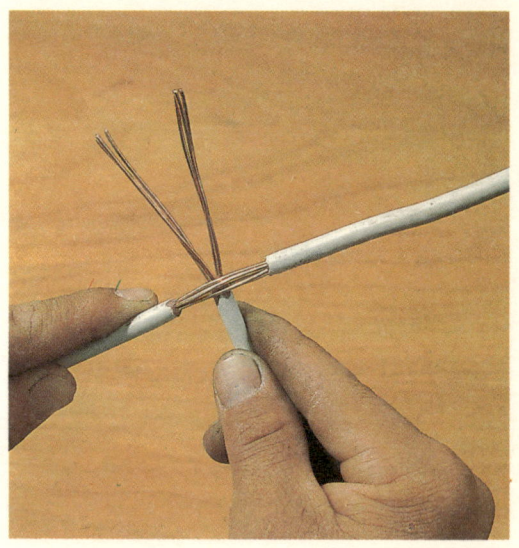

Meta la punta del cable derivado en la abertura

Enrolle la mitad de los hilos de la punta del cable derivado sobre el cable principal, en sentido contrario al torcido del cable principal.

Enrolle la otra mitad de los hilos de la punta en sentido contrario a la otra mitad y apriete todo con las pinzas.

Suelde o estañe el amarre y aíslelo.

MANUAL DE INSTALACIONES ELÉCTRICAS

UNIÓN DE LOS CABLES

PROLONGAR CABLES

Para prolongar cables gruesos sujetos a tensión, pele la punta de cada cable unos 8 cm.

Con un alambre fino haga un anillo a unos 3 cm del aislante.

Con las pinzas apriete el anillo.

A partir del anillo abra los hilos, enderécelos y límpielos.

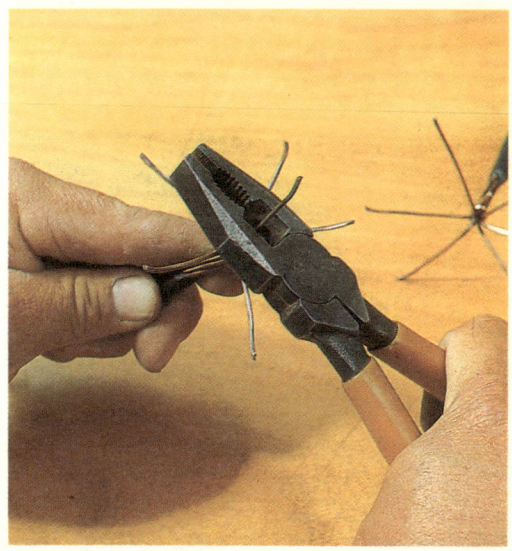

Corte el alambre central de cada punta a la altura donde hizo la atadura.

MANUAL DE INSTALACIONES ELÉCTRICAS

PROLONGAR CABLES **UNIÓN DE LOS CABLES**

Ahora, quite la atadura de uno de los cables y enfréntelo al otro, entrelazando los hilos abiertos.

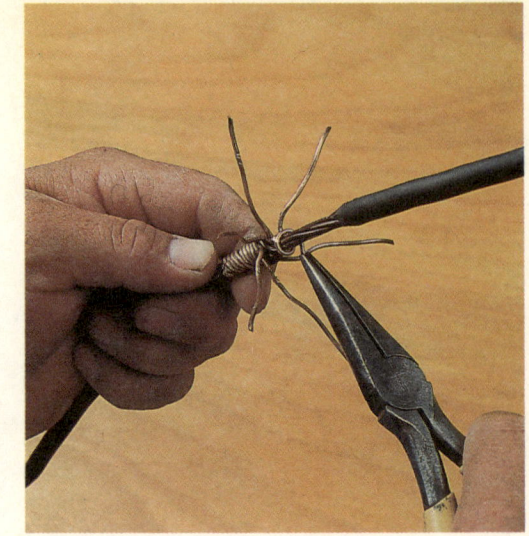

Comience a enrollar en sentido contrario al trenzado del cable al que se quitó la atadura.

Quite la otra atadura y enrolle los hilos del otro lado.

Continúe enrollando hasta que no queden puntas sueltas.

Apriete el enrollado con las pinzas y corte los extremos sobrantes, si los hay.

Estañe la unión y aíslela.

UNIÓN DE LOS CABLES

SOLDADO O ESTAÑADO DE LAS UNIONES

El estañado o soldado deberá hacerse principalmente en las uniones sujetas a tensión, inmediatamente después de hecho el amarre, cuando los hilos raspados y limpios no han comenzado a oxidarse.

Use un cautín bueno, grande y limpio, y no tendrá problemas.

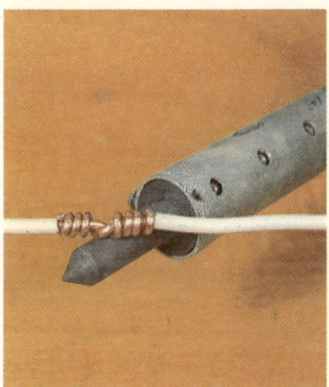

Para soldar un amarre se calientan los cables, colocando el cautín bien caliente por la parte de abajo de la unión.

Al mismo tiempo que calienta la unión, ponga un poco de pasta desoxidante sobre la parte superior de la unión.

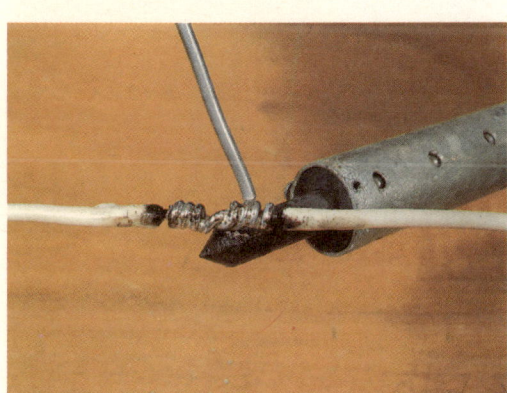

Luego apoye la punta de la barra o alambre de soldadura de estaño por la parte de arriba del amarre.

Cuando la soldadura comienza a suavizarse y fundirse desparramándose por el amarre, en ese momento empuje un poco más la soldadura contra el amarre, para que escurra más soldadura y se haga una liga mejor.
Al fundirse, la soldadura se mete como si fuera pintura, llenando todos los huecos y rendijas que hay entre los hilos del amarre.
Conviene dar vuelta al amarre para que haya un relleno parejo por los dos lados.

Retire el cautín y deje unos instantes que la soldadura seque y endurezca. Se nota que endurece cuando la soldadura cambia el brillo de su superficie.
Se puede soldar con un cautín calentado por un soplete de gasolina, con un cautín eléctrico o con una pistola eléctrica.

AISLADO DE LAS UNIONES

UNIÓN DE LOS CABLES

Para aislar uniones se usa cinta de aislar. Hay tres tipos. La más común es la de plástico, que tiene gran poder aislante y no hace mucho bulto porque es muy delgada.

La otra, es la cinta de hule que se emplea cuando la humedad es muy alta. Cuando se enrolla, se vulcaniza o funde una capa contra la otra, de tal manera que no penetra el agua.

Y la vieja cinta de tela con creosota, que raramente es usada hoy en día.

Para aislar un amarre se comienza a enrollar la cinta sobre el aislante, un poco más adentro que el ancho de la cinta.

Desde allí se enrolla la cinta dando vueltas hasta llegar al amarre, jalando firmemente y presionándo con sus dedos dentro de las rendijas y huecos del amarre.

Deje que una vuelta de cinta se sobreponga ampliamente sobre la otra.

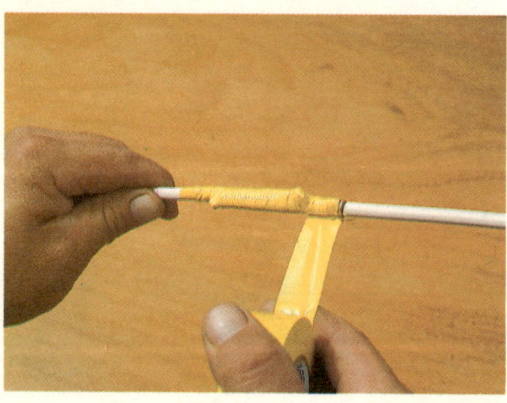

Termine del otro lado, sobre el aislante del otro extremo, igual que como comenzó.

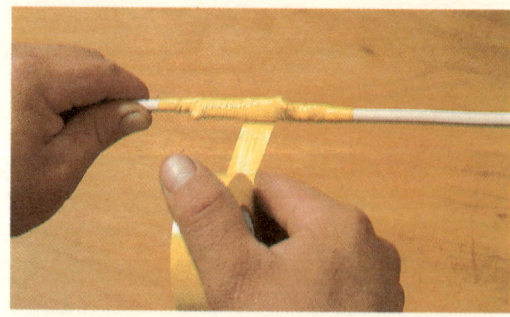

Después, regrese, enrollando la cinta para el otro lado, en la dirección contraria, de manera que las espirales se entrecrucen. Se necesitan dos o tres capas para una aislación correcta.

UNIÓN DE LOS CABLES

AMARRES CON CONECTORES DE PLÁSTICO

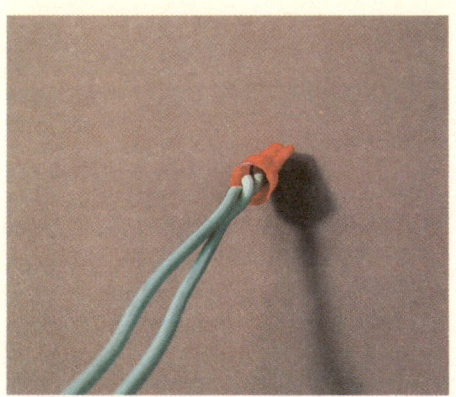

Con los conectores de tornillo, los amarres se simplifican y se pueden realizar en segundos.

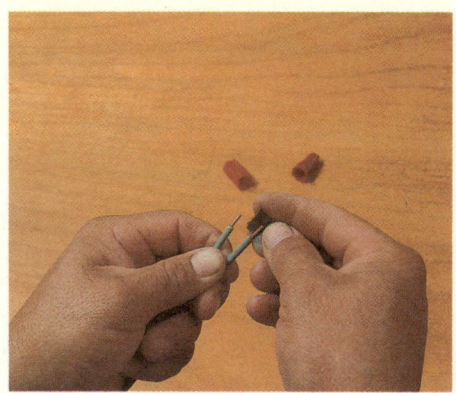

Pele las puntas del alambre uno a dos centímetros, sólo lo necesario para que el alambre penetre completamente el conector.

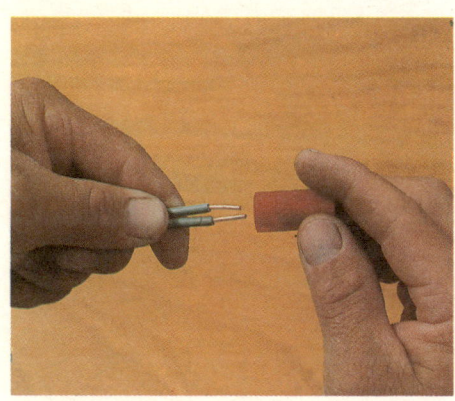

Asegúrese de que las puntas peladas hayan sido raspadas o lijadas.

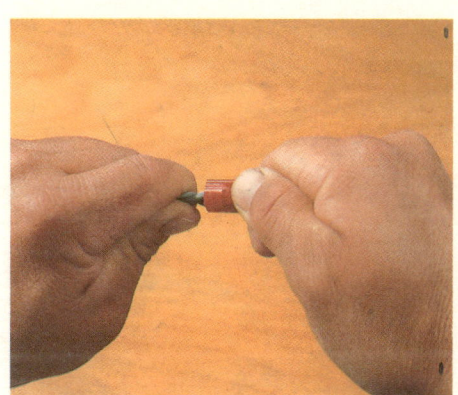

Sostenga las puntas peladas juntas, en la misma dirección. Meta las puntas en el conector y atornille, girando el conector en el mismo sentido de las manecillas del reloj.

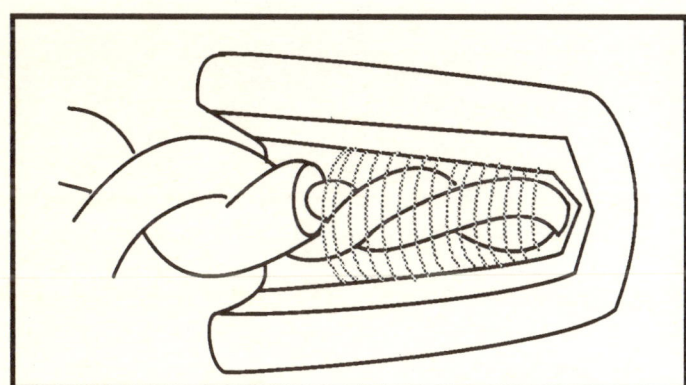

La rosca metálica que hay dentro del conector enrosca hacia arriba y hacia adentro las puntas, de manera que los alambres se aprietan más y más uno con otro conforme se gira y aprieta el conector.

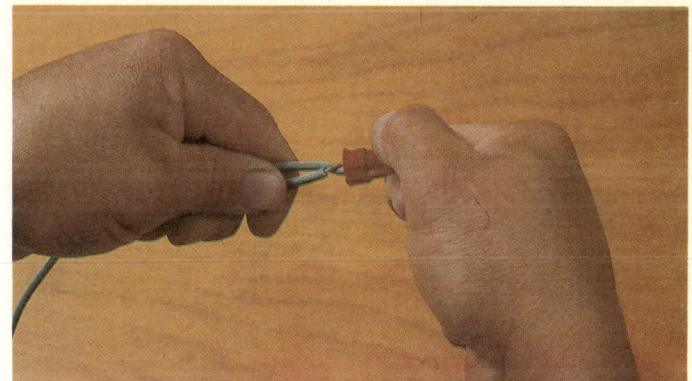

Si las puntas de los conectores han sido peladas del largo correcto, entonces no hay necesidad de ningún aislante adicional.

Pero si queda alambre desnudo abajo del conector, entonces se ha pelado demasiado alambre y no se aísla el circuito. Se desenrolla el conector y se acortan los alambres o se aíslan con cinta.

MANUAL DE INSTALACIONES ELÉCTRICAS

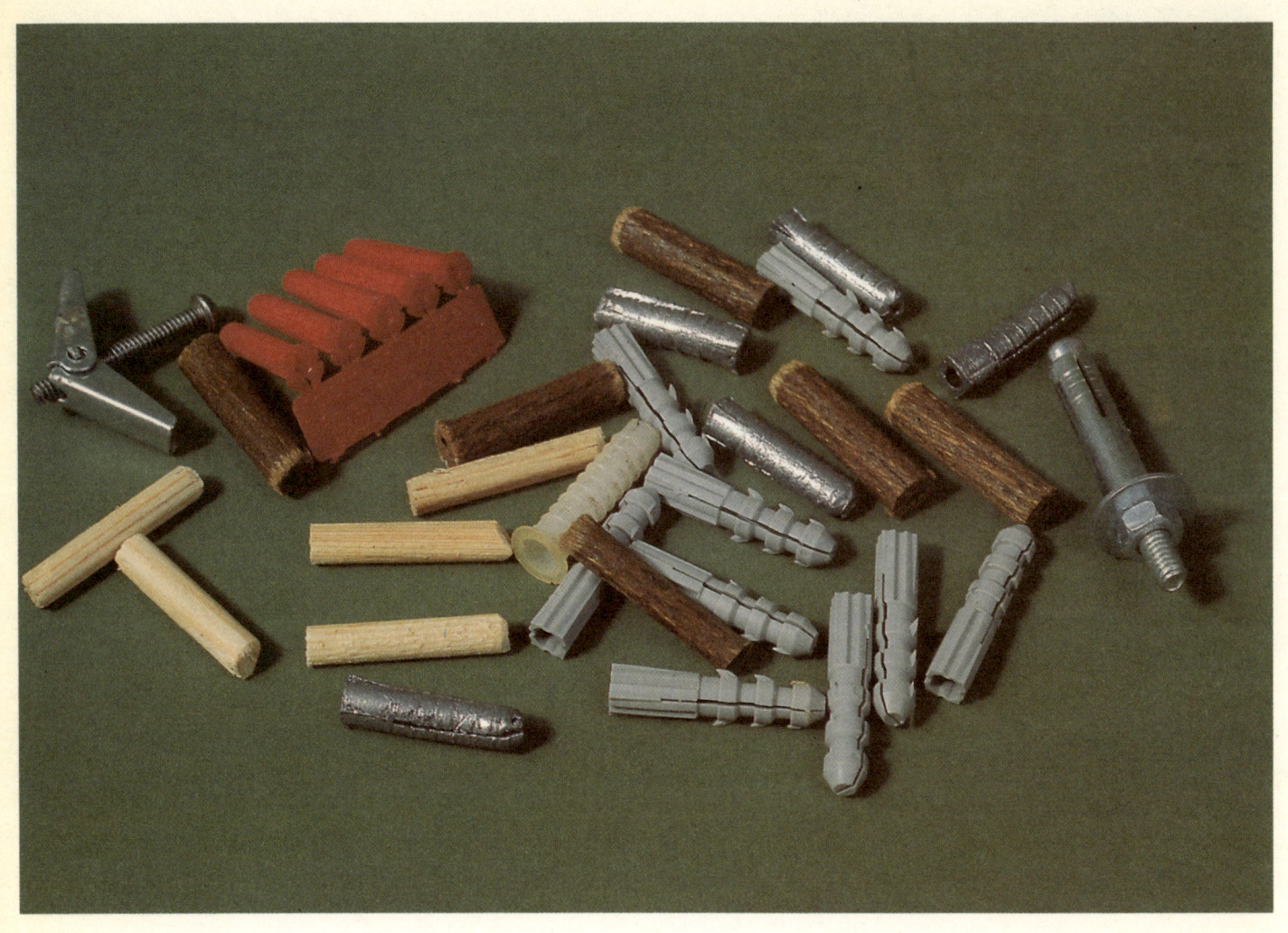

Con mucha frecuencia hay que fijar las cajas o chalupas de los interruptores y aun los tubos conduit, a las paredes de mampostería y de otros materiales.
Se fijan con tornillos para madera o pijas para madera. Pero los tornillos no atoran en los muros de mampostería, ni entran en el concreto de las losas de los techos, de modo que hay que proporcionarles una base en la cual sí agarren firmemente.
Esa base es el taquete, que es una pieza circular de madera, metal suave, plástico o fibra, que entra en un orificio en el muro.

TAQUETES

Taquetes 70
Agujeros para taquetes 70
Colocación de los taquetes 74
Taquetes especiales 76

TAQUETES

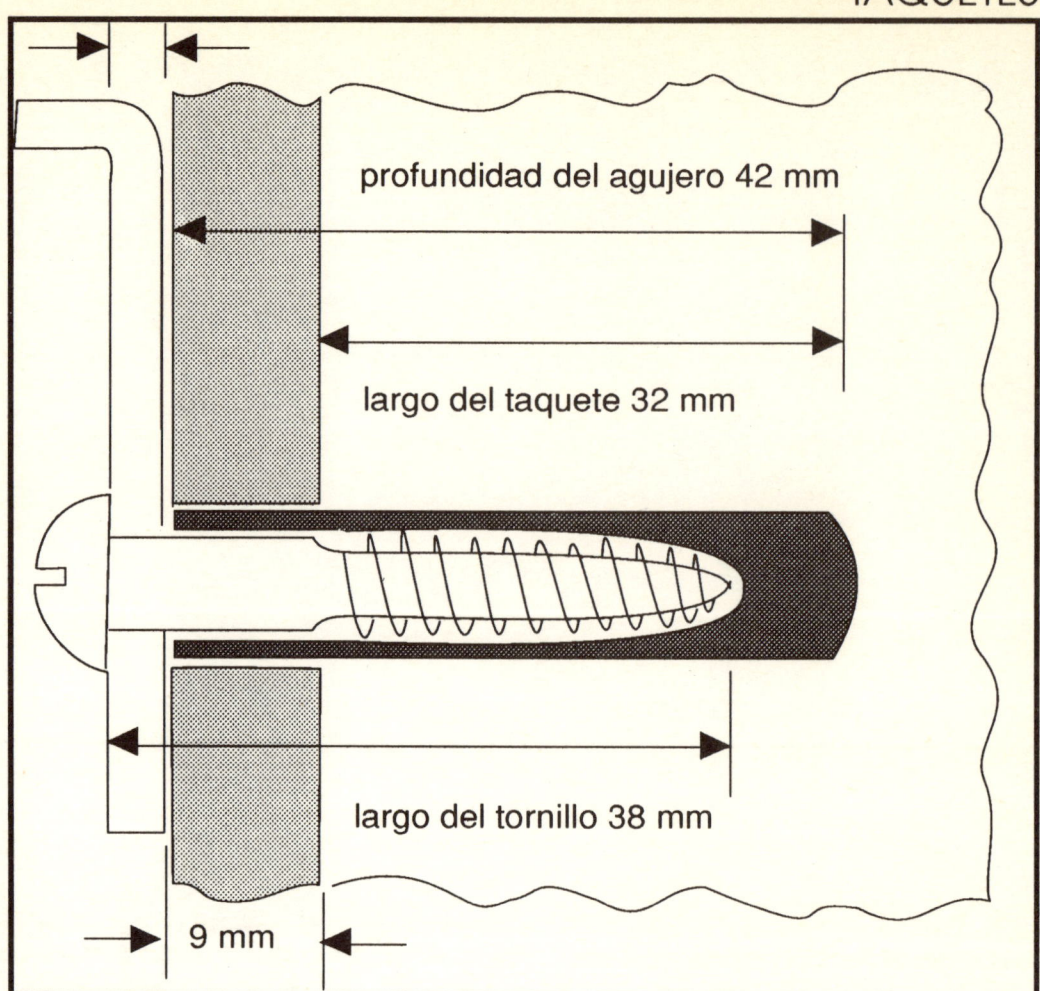

Los taquetes deben ser el doble del grueso que el tornillo que reciben.

El tornillo se mete en el centro del taquete y al entrar cada vez más, hincha el taquete, con lo que se hace más presión contra las paredes del orificio y la presión cada vez mayor da firmeza al tornillo y a la caja o tubo que sostenga.

- profundidad del agujero 42 mm
- largo del taquete 32 mm
- largo del tornillo 38 mm
- 9 mm

AGUJEROS PARA TAQUETE

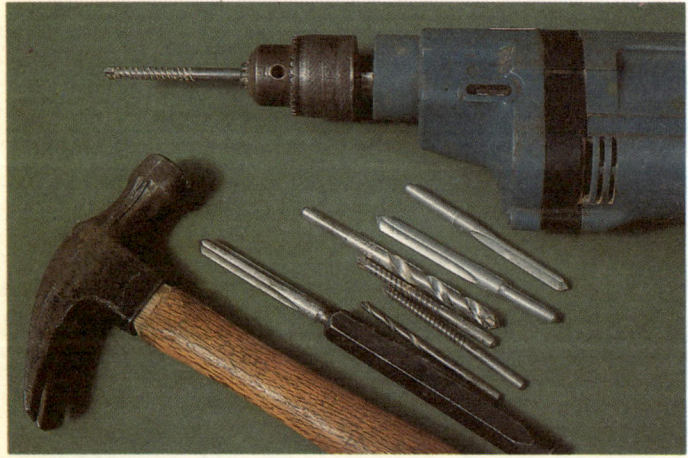

El agujero para poner los taquetes se hace con un barreno de percusión y un martillo o con una broca para concreto y un taladro eléctrico de baja velocidad.

Otra manera es con una pistola que tiene unos cartuchos que, al dispararse, meten en la pared de concreto un tornillo o clavo, que puede tener varias formas.

TAQUETES

AGUJEROS PARA TAQUETE

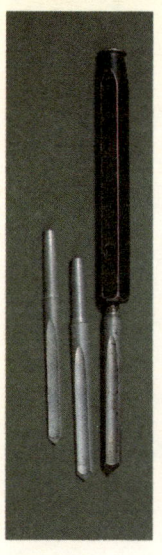  

La herramienta más simple para hacer agujeros de taquete es el barreno. Hay tres clases: el barreno de brocas cambiables, el barreno de punta de estrella y el barreno hueco.

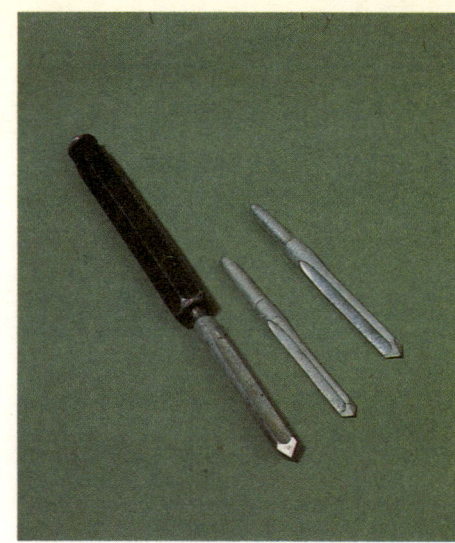

El barreno de puntas intercambiables tiene una empuñadura gruesa con un orificio en la parte inferior en el que se meten brocas de distintos diámetros o gruesos, porque el agujero debe ser precisamente del grueso del taquete.

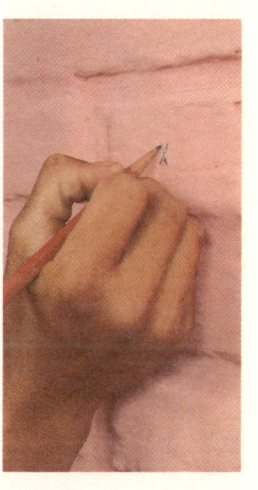

Para hacer el agujero, se marca el lugar donde deberá ir el taquete.

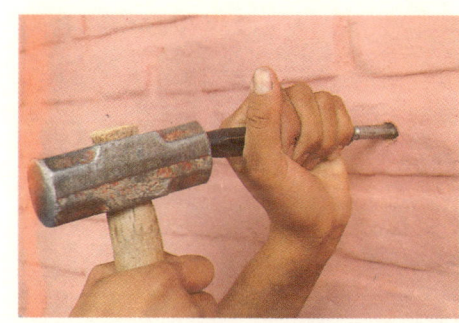

Se coloca el barreno y se golpea suave y seguido, con un mazo o un martillo.

Entre un golpe y otro se gira el barreno para que vaya saliendo el material que quita.

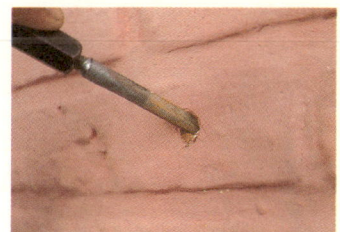

A pequeños intervalos se saca el barreno para desalojar la tierra.

MANUAL DE INSTALACIONES ELÉCTRICAS

AGUJEROS PARA TAQUETE

TAQUETES

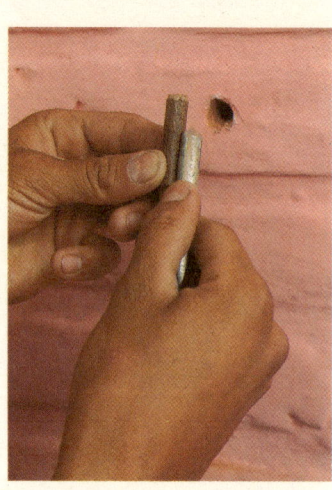

La profundidad del agujero debe ser ligeramente mayor que el taquete, mientras que el diámetro debe ser el mismo.

El barreno de punta de estrella es de una sola pieza, con una punta cortante que tiene forma de estrella. Se usa igual que el barreno de punta desmontable.

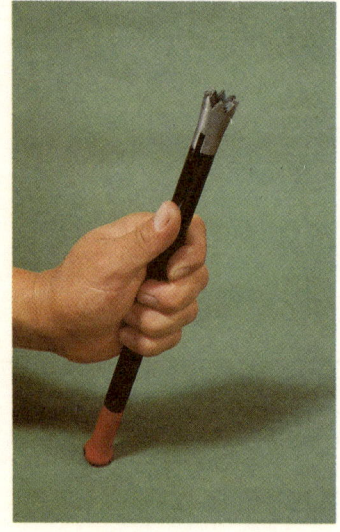

El barreno hueco no se usa para hacer agujeros de taquete, sino para hacer el hoyo para pasar los tubos conduit a través de los muros. Se puede hacer una barrena hueca con un tubo de hierro galvanizado.

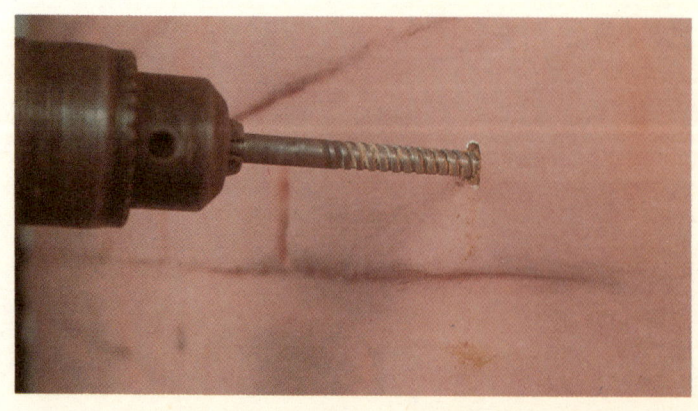

Al hacer los agujeros para los taquetes lo más práctico es un taladro eléctrico potente, de baja velocidad. Sus brocas para concreto tienen puntas de carburo de tungsteno.

TAQUETES

AGUJEROS PARA TAQUETE

Las pistolas son ideales para colocar lámparas y tubos conduit en los techos de losa de concreto y en las columnas o castillos.

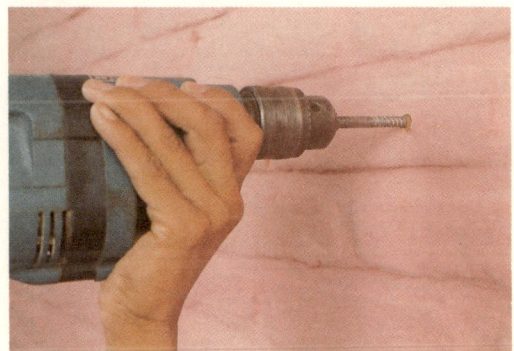

Al colocar los taquetes la clave está en hacer el agujero lo más bien hecho posible, sin subir ni bajar la mano en el momento de estar presionando, para que la boca del hoyo no sea demasiado grande y el taquete no quede flojo.

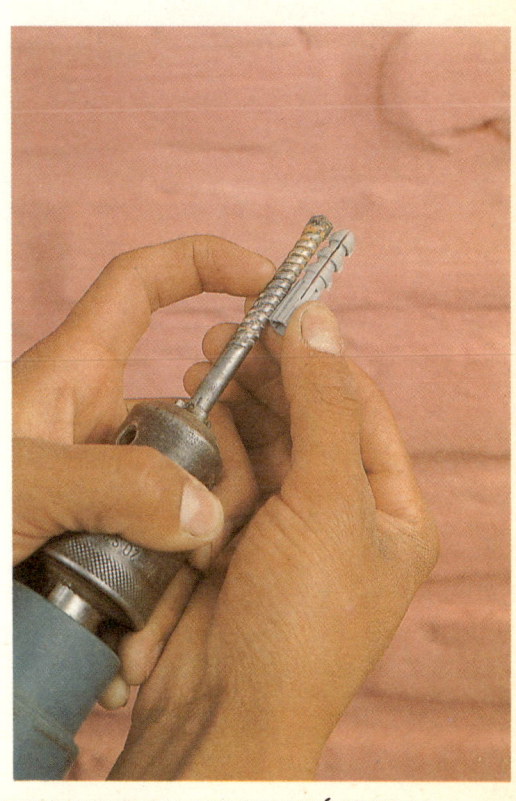

Para que el hoyo no quede corto o demasiado profundo es necesario calcular la profundidad a la que debe penetrar la broca.

MANUAL DE INSTALACIONES ELÉCTRICAS

COLOCACIÓN DE LOS TAQUETES

TAQUETES

El taquete que se use debe ser más largo y más grueso que el tornillo que se va a colocar.

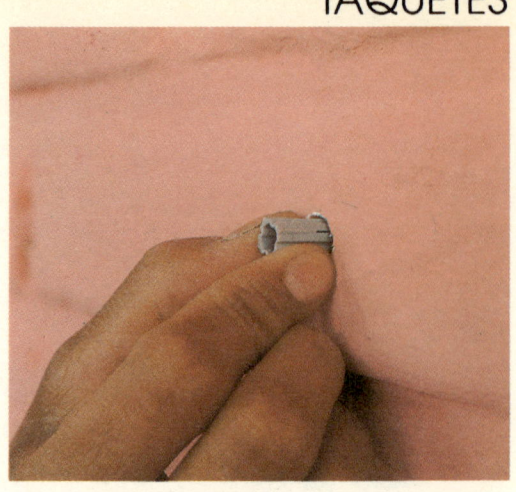

Ya que se tiene el agujero se mete el taquete con la mano.

Luego, se golpea suavemente con el martillo hasta meterlo. El taquete debe quedar al ras del muro.

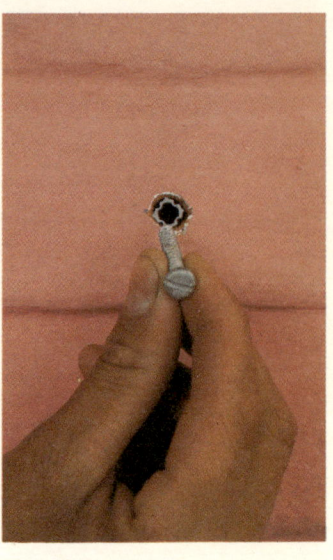

Enseguida se mete la punta del tornillo en el taquete y se empuja aún más el taquete, hasta el fondo del orificio.

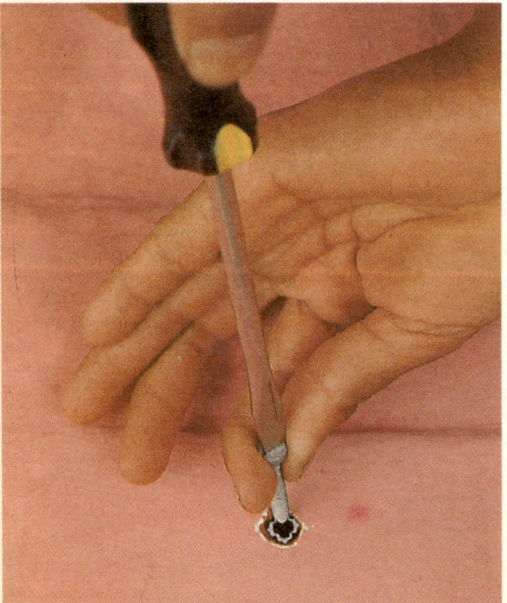

No se retira el tornillo sino que se atornilla todavía un poco más, casi hasta el fondo, girándolo con el destornillador.

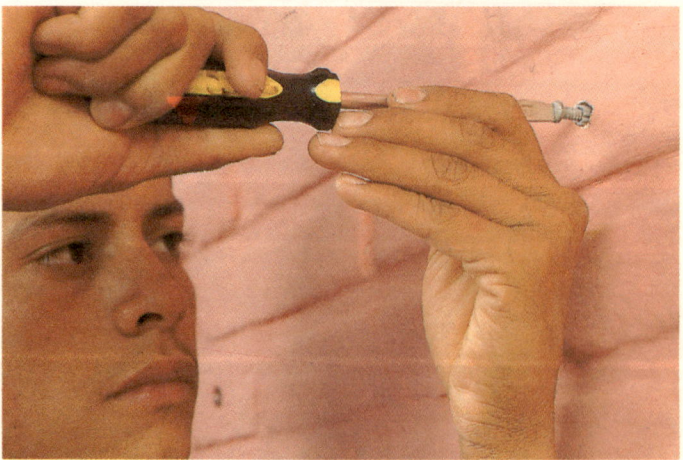

Después, se quita dejando el taquete firmemente presionado contra la mampostería o el concreto y con un orificio roscado. Enseguida, se pasa el tornillo por el agujero correspondiente de la caja o abrazadera que se va a colocar. Se mete en el taquete y se aprieta con el destornillador hasta que queda completamente al ras.

TAQUETES

COLOCACIÓN DE LOS TAQUETES

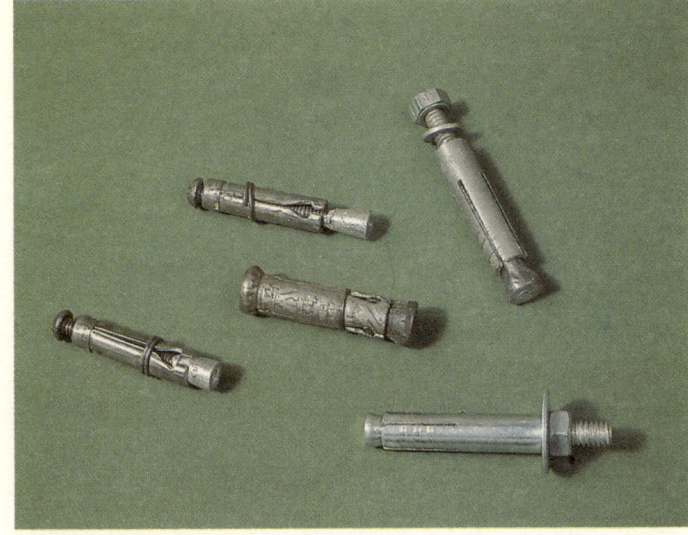

Para cuando se desea mucho mayor firmeza, se usan taquetes metálicos expansivos.

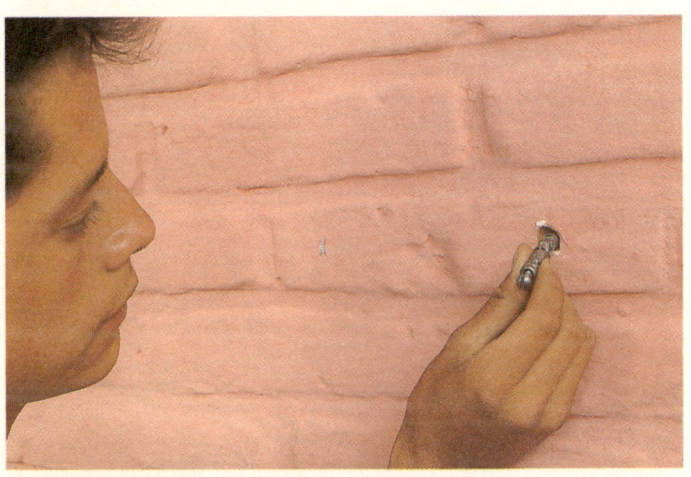

Para colocarlos se agujera la pared o el techo y se mete el taquete expansivo con todo y su tornillo.
Si acaso no entra completo se vuelve a sacar, se amplía un poco el agujero, para que el taquete entre justo, pero sin tropiezo.

Si es necesario, se golpea apenas con el martillo, para que quede al ras y ligeramente presionado.

Con el desarmador se da vuelta al tornillo hasta que se siente que hay cierta resistencia. Se saca el tornillo completamente, dando vuelta al revés con el desarmador.

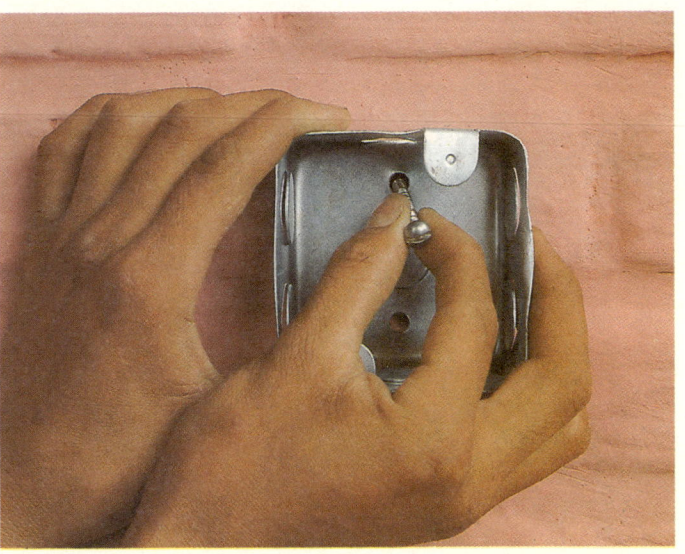

Se pasa el tornillo a través del orificio correspondiente de la caja que se va fijar y enseguida se atornilla y aprieta.

MANUAL DE INSTALACIONES ELÉCTRICAS

TAQUETES ESPECIALES

TAQUETES

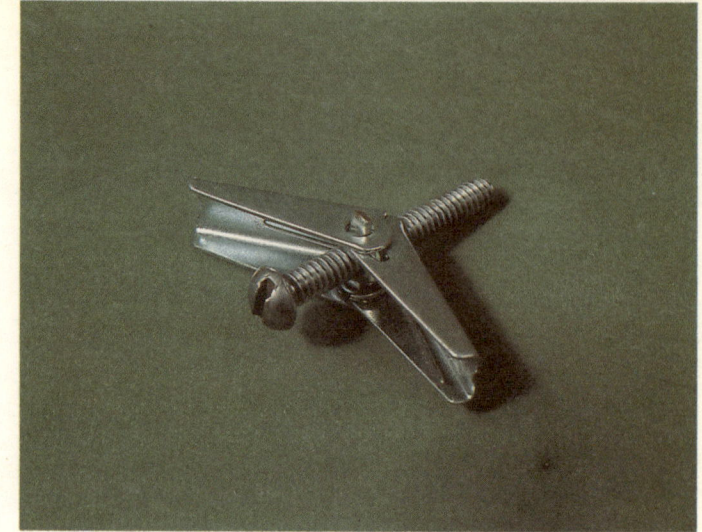

Cuando los muros son huecos, como los de "tablarroca" o se está trabajando sobre un plafón falso, se usan taquetes o fijadores especiales para materiales huecos. Los más comunes son los fijadores o taquetes de alas y resorte.

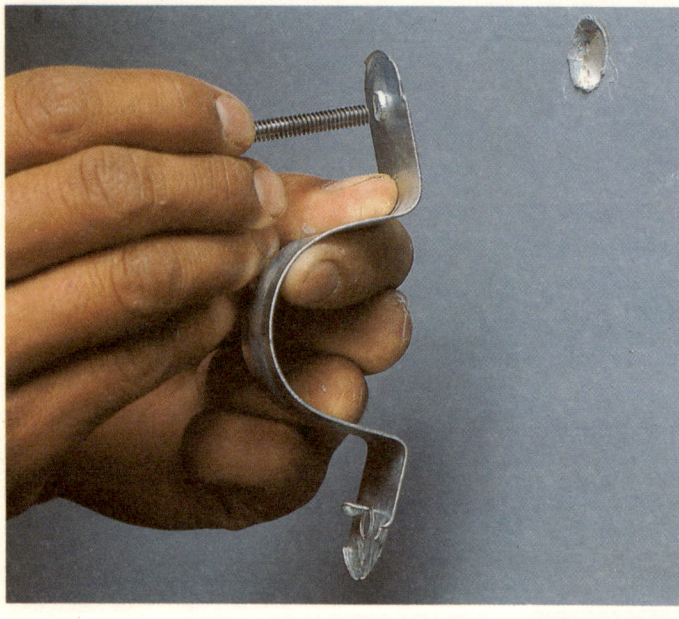

Para colocarlos, primero se mete el tornillo a través del orificio del aparato que va ser fijado.

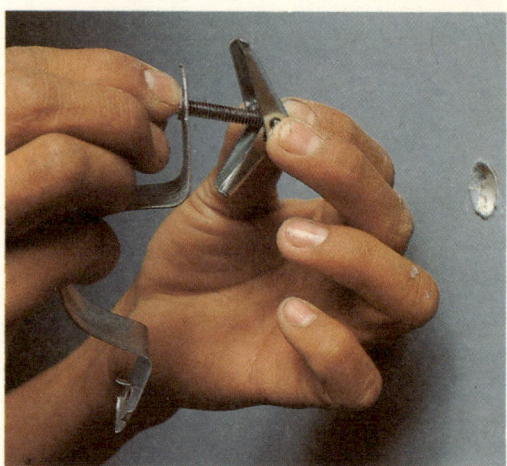

Enseguida se mete un tramo de las alas en el tornillo, y se gira.

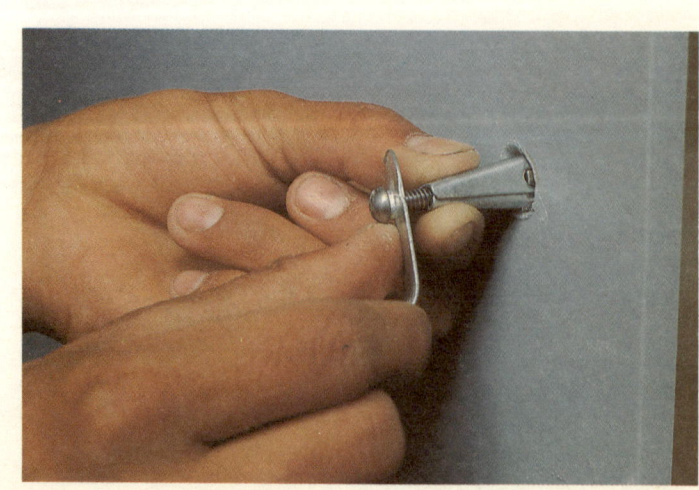

Luego se doblan las alas hacia atrás completamente y se mete el tornillo a través del agujero.

TAQUETES

TAQUETES ESPECIALES

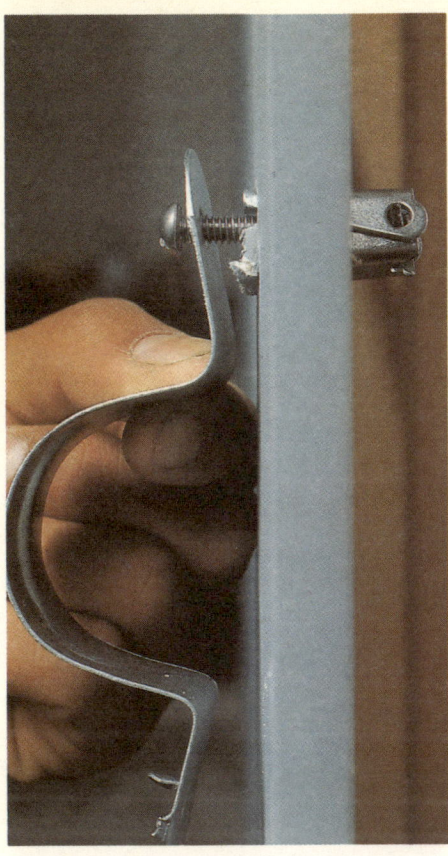

Se sigue empujando para que pasen completamente las alas.

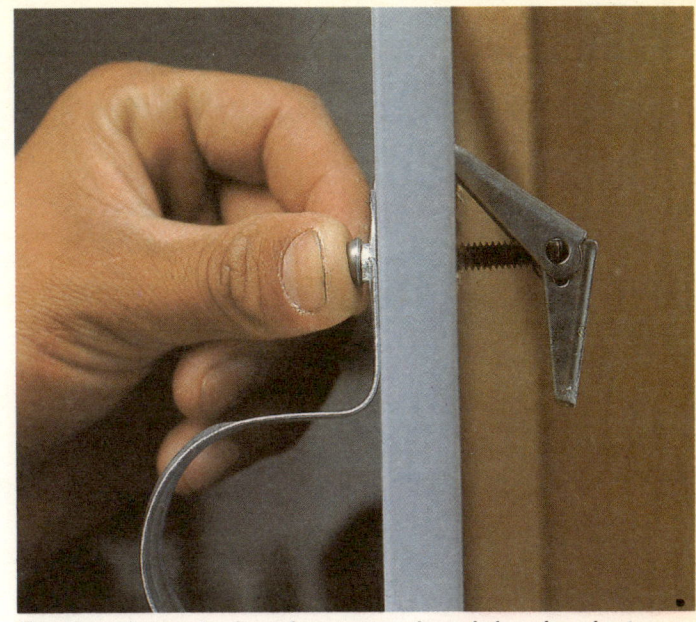

Gracias al resorte, las alas se pueden abrir solas dentro del hueco de la pared o del techo.

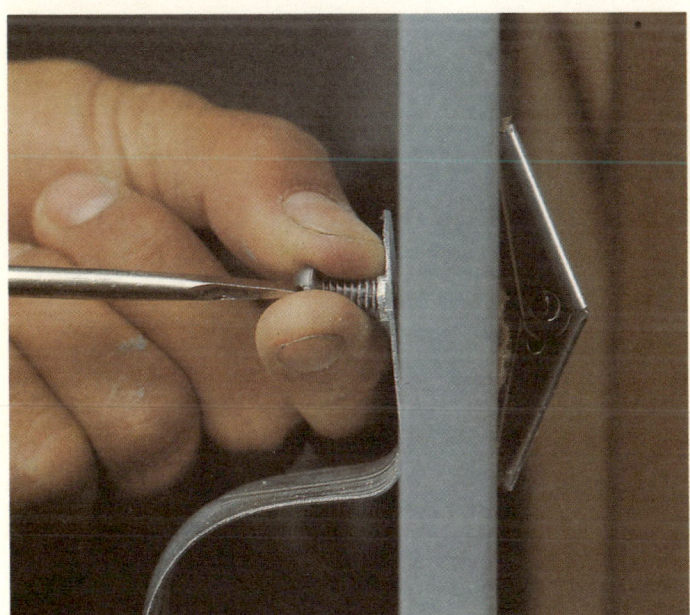

Se jala el tornillo para que las alas se mantengan pegadas contra la pared interior del muro, con lo que se evita que las alas giren mientras se da vuelta al tornillo.

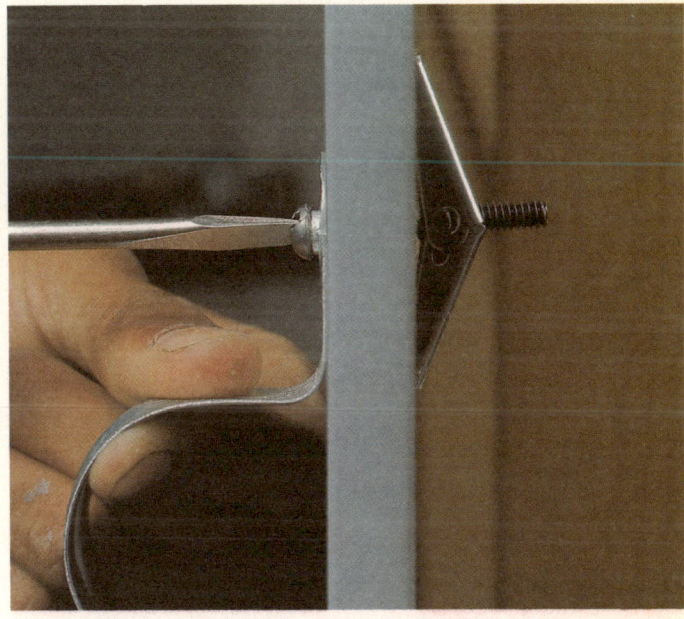

Con el desarmador se da vuelta al tornillo, hasta que queda firme, con lo que las alas formarán un ángulo recto perfecto con la pared interior del muro; la totalidad de las alas harán contacto con el material del muro y la carga se repartirá en una superficie mayor.

La toma de corriente o entrada del servicio, es el lugar donde se juntan los conductores que vienen de la calle con los conductores que van a todos los circuitos de la casa. Es el lugar donde llega la corriente de la línea principal.

El punto principal de unión es el medidor de la corriente que se consume en la casa.

Generalmente, la línea principal corre por los hilos de los postes que hay en la calle. Desde esos hilos bajan otros, hasta el medidor de la casa. Ese tramo, desde el último poste hasta la entrada del servicio en la casa o el edificio, se llama acometida.

TOMA DE CORRIENTE

Acometida 80
Interruptores generales 84
Fusibles 86
Interruptores de circuito 90
Circuitos 95

ACOMETIDA

TOMA DE CORRIENTE

La entrada del servicio debe estar localizada en un punto que facilite tres cosas:

Primero, que facilite que lleguen los cables desde la línea principal a la fachada.

Segundo, que tenga desde la calle acceso fácil al medidor, para que la empresa que proporcione la energía pueda hacer la lectura del medidor rápidamente y con toda precisión.

Y tercero, que el interruptor principal de la corriente, que debe estar junto al medidor, esté en un lugar al que se pueda llegar fácilmente para cortar la corriente rápidamente en una emergencia.

80   MANUAL DE INSTALACIONES ELÉCTRICAS

TOMA DE CORRIENTE

ACOMETIDA

La entrada del servicio de energía generalmente tiene los siguientes componentes:

La mufa o cabeza, por donde entran los cables desde la línea principal.

En ocasiones, antes de la mufa, hay aisladores exteriores en la entrada o fachada del edificio, que reciben los cables de la línea principal.

Abajo de la mufa va el mástil de tubo conduit que llega hasta el medidor.

Para recibir el medidor está el socket o base del medidor.

Después de la base del medidor va el interruptor principal, con los fusibles para protegerse de las sobrecargas y la palanca para poder desconectar toda la corriente cuando sea necesario.

Enseguida del interruptor principal de fusibles hay, generalmente, un interruptor termomagnético de circuitos o breaker.

Finalmente, hay una conexión a tierra desde la caja del interruptor principal o desde la caja del interruptor de circuitos.

ACOMETIDA — TOMA DE CORRIENTE

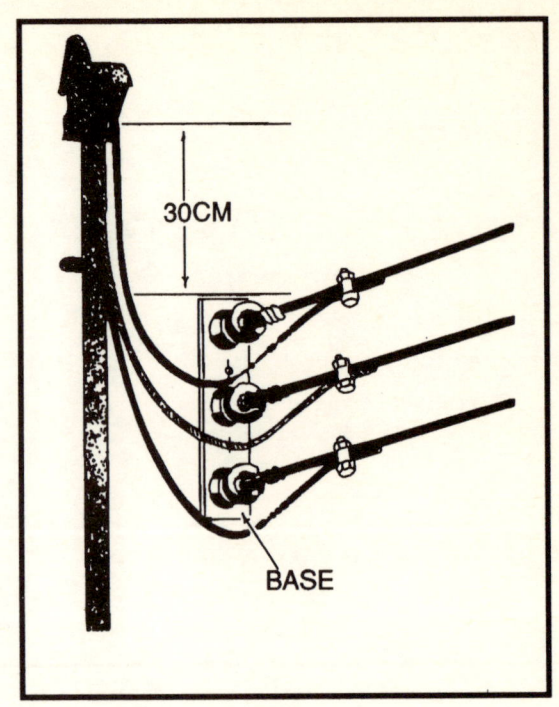

Los aisladores deben estar sólidamente montados, tan alto como sea práctico, pero un poco más abajo que la mufa.

El número de cables de la acometida cambia según el número de fases que contrate. Si sólo se contrata una fase de 110 voltios, la acometida será con un hilo. Si, en cambio, se contratan dos, la acometida tendrá dos cables. Los hilos de tierra corren junto a los de corriente.

Si contrató tres fases, la acometida tendrá tres cables.

TOMA DE CORRIENTE

ACOMETIDA

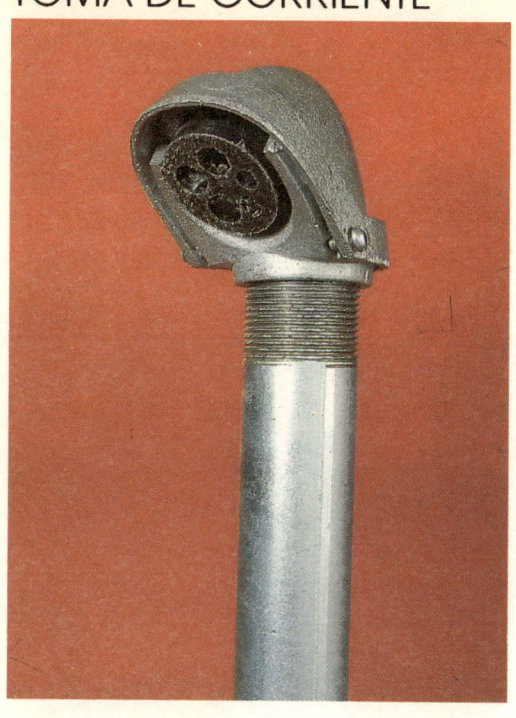

La mufa es una conexión en U, con una cabeza para que el agua no se meta al mástil o tubo que lleva los cables al medidor. Debe estar situada unos 30 cm más arriba que los aisladores, si los hay.

El mástil de tubo conduit debe ser galvanizado, rígido, de 5 cm de diámetro interior, fijado con grapas al muro. Debe conducir verticalmente a la parte de arriba de la caja o base del medidor, donde se embona a él. Debe estar firmemente colocado para soportar la tensión de los vientos fuertes y las tormentas.

La caja del medidor debe estar colocada entre 1.50 m y 1.70 m sobre el nivel del suelo, dando a la calle o cerca de la entrada de la casa.

Quien hace la instalación sólo coloca el socket o caja del medidor; el medidor lo pone la empresa con la que se contrata el servicio.

MANUAL DE INSTALACIONES ELÉCTRICAS

INTERRUPTORES GENERALES

TOMA DE CORRIENTE

Desde la parte inferior de la caja o recipiente del medidor debe salir otro tubo conduit al interruptor principal.

Hay dos tipos principales de interruptores: los de fusibles y los de pastillas termomagnéticas.

Para interruptor principal generalmente se usa un interruptor de fusibles, que es una caja de fierro, que en su interior tiene dos navajas o cuchillas y las bases o recipientes para los fusibles. Las cuchillas se conectan y desconectan con una palanca lateral.

Mientras que para proteger cada uno de los circuitos individuales es mejor el interruptor termomagnético o "breaker".

84 MANUAL DE INSTALACIONES ELÉCTRICAS

TOMA DE CORRIENTE

La caja metálica del interruptor principal o la del breaker debe ir conectada a tierra mediante un cable unido a la tubería de agua o a una varilla de cobre enterrada.

El interruptor principal o switch principal tiene que ser adecuado al número de fases que se hayan contratado, ya sea una, dos o tres. Cada fase debe tener fusibles del amperaje correcto, según la capacidad o amperaje de los cables de la instalación.

INTERRUPTORES GENERALES

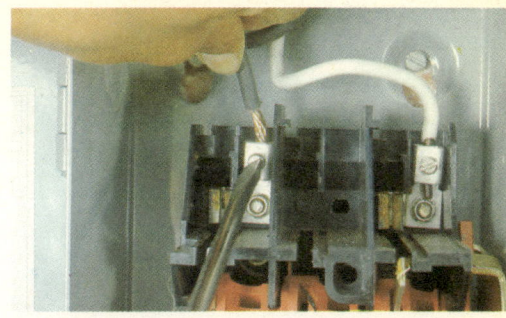

El interruptor puede ir fijo a la pared con taquetes o metido en un hueco del muro. Los conectores que llegan del medidor entran por la parte de arriba y se fijan a los tornillos de la parte superior, antes de pasar a los fusibles.

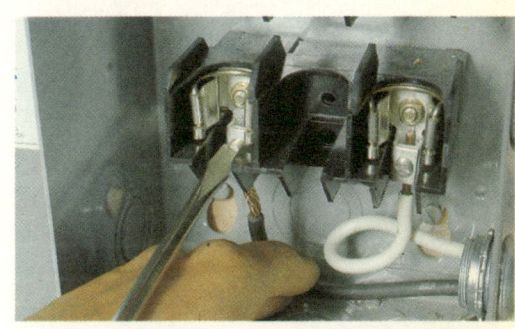

Los conductores que van a la instalación parten de los tornillos abajo de los fusibles.

Generalmente se pone un interruptor general grande, que protege toda la instalación y corta toda la energía con sólo bajar una palanca.

MANUAL DE INSTALACIONES ELÉCTRICAS

FUSIBLES

TOMA DE CORRIENTE

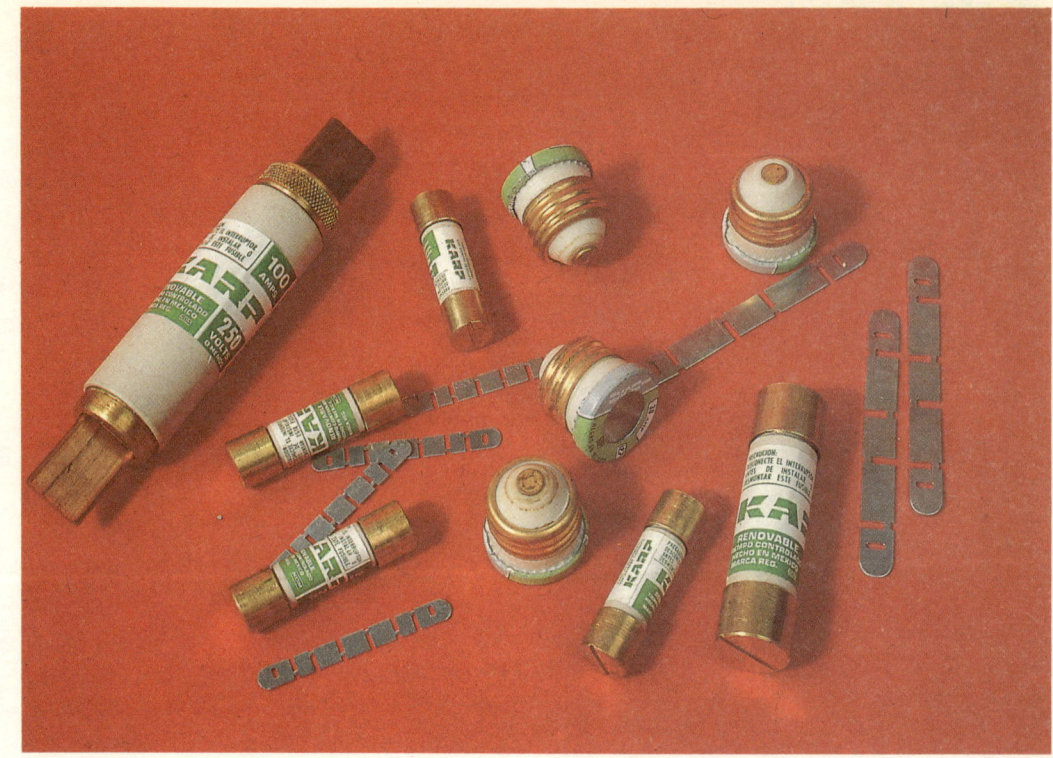

Los fusibles evitan que por los cables de la instalación corra corriente mayor de la que debe pasar, para proteger toda la instalación de una sobrecarga o un cortocircuito

Cuando hay una sobrecarga, por los cables corre un amperaje mayor que aquel que soportan con seguridad, y la temperatura sube, por lo que se puede dañar el aislamiento de los conductores y hasta puede producirse fuego.

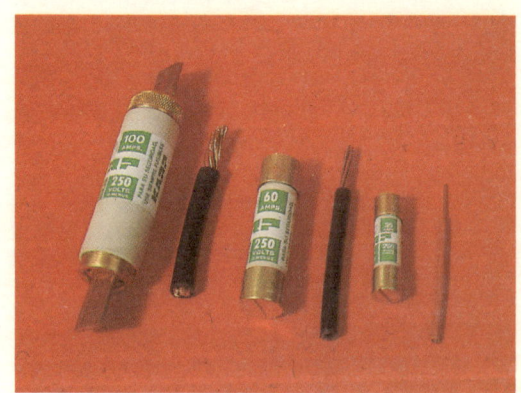

Cualquier interruptor debe tener fusibles de una capacidad no mayor que el amperaje máximo que soporta el alambre que protegen. Los hay para 15, 20, 30, 60 y 100 amperios.

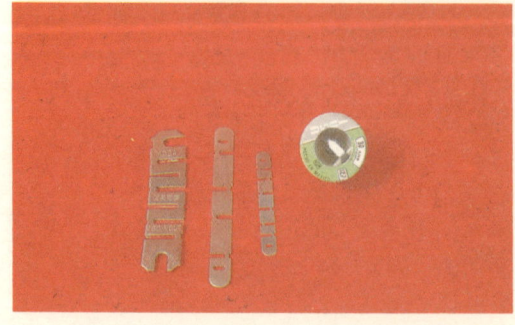

Los fusibles son unas láminas pequeñas que se funden o derriten cuando pasan más amperios de aquellos para los que están destinados.

TOMA DE CORRIENTE

FUSIBLES

Un fusible de 15 amperios es capaz de llevar sólo hasta 15 amperios. Cuando pasan más de 15 amperios, la placa de metal se funde, que es lo mismo que apagar el circuito.

Esta hoja delgada de metal, generalmente de plomo, está encerrada en una cápsula aislante para evitar que salpique el metal al fundirse.

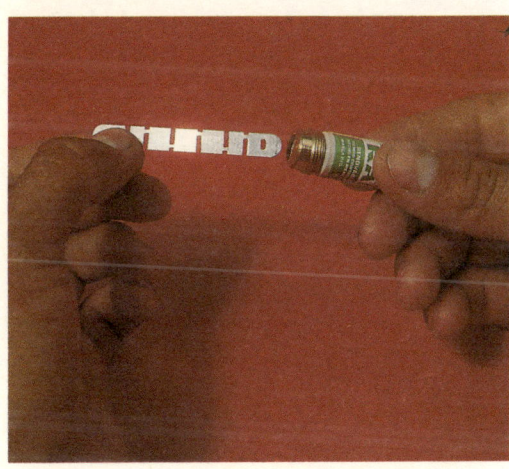

Además, la cápsula está diseñada para que la lámina se pueda reemplazar fácilmente.
Cuanto más grande es la sobrecarga, más aprisa se funde el fusible.

Utilizar un fusible más alto que el amperaje que soporta el cable es inseguro.

Por ejemplo, un cable del 12 tiene una capacidad para 20 amperios. Por tanto, el fusible que lo proteja no debe tener más de 20 amperios.

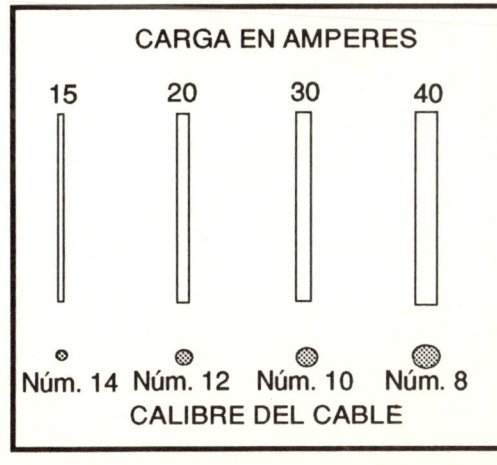

MANUAL DE INSTALACIONES ELÉCTRICAS

FUSIBLES

TOMA DE CORRIENTE

Enseguida se indica el amperaje del fusible para cada calibre de cable.

ALAMBRE	FUSIBLE
14	15
12	20
10	30
8	40
6	50
4	70
2	100

Cuando en una instalación se unen dos cables de distinto diámetro, por ejemplo del 10, que soporta 30 amperios, y del 14, que soporta 15 amperios, la protección de la sobre carga debe hacerse sobre el cable de menor diámetro, es decir, sobre 15 amperios.

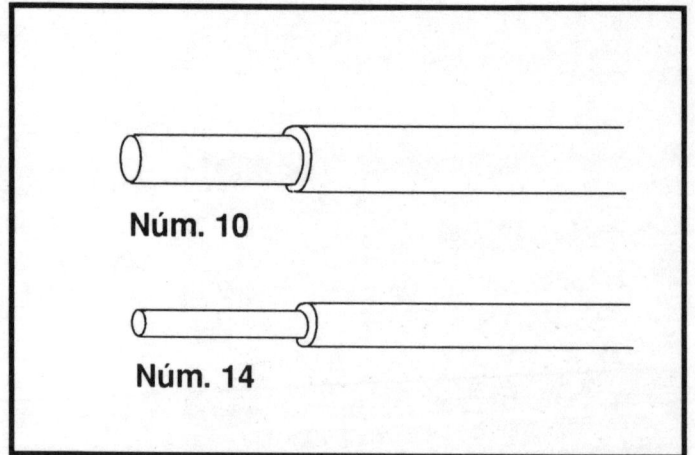

Núm. 10

Núm. 14

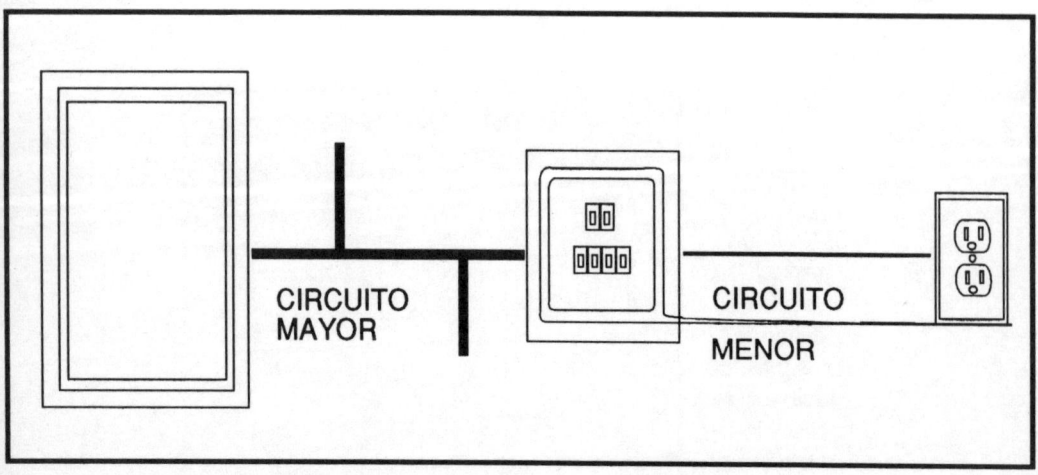

CIRCUITO MAYOR

CIRCUITO MENOR

Desde luego que puede ponerse un interruptor de 30 amperios para el cable mayor, y otro de 15 amperios donde comienza el conductor del número 14.

MANUAL DE INSTALACIONES ELÉCTRICAS

TOMA DE CORRIENTE

FUSIBLES

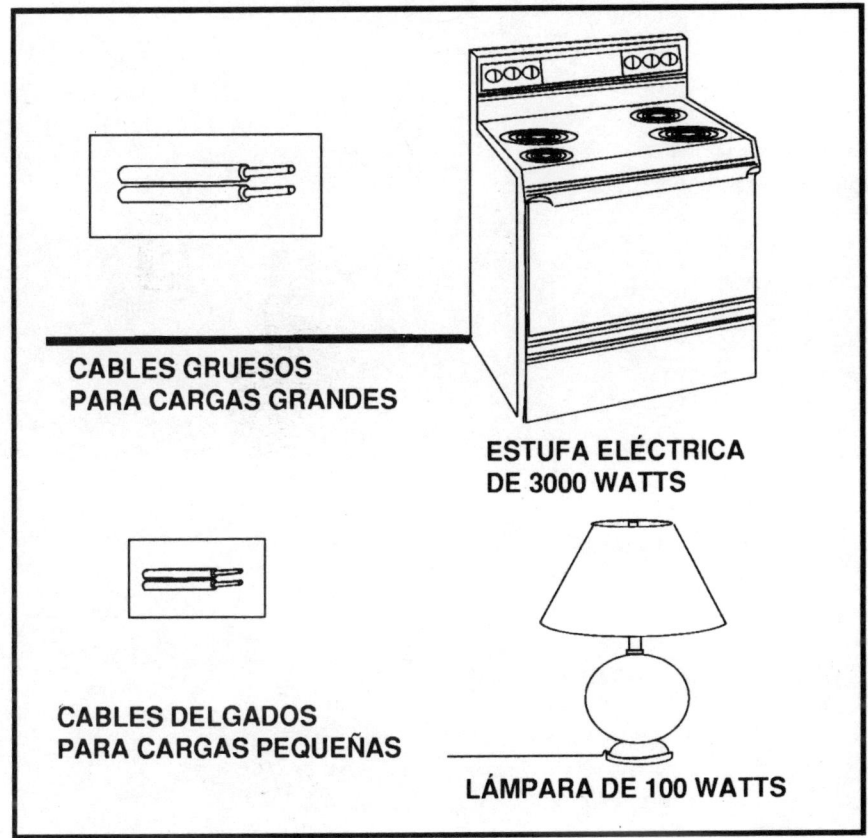

CABLES GRUESOS PARA CARGAS GRANDES

ESTUFA ELÉCTRICA DE 3000 WATTS

CABLES DELGADOS PARA CARGAS PEQUEÑAS

LÁMPARA DE 100 WATTS

Si la instalación que protege el interruptor es débil, es decir, que es delgada para la carga que soporta, el fusible se fundirá a cada rato. Entonces, lo que hay que arreglar es la instalación, que es lo que está mal, no el fusible que se funde.

Otra causa de que se fundan los fusibles con frecuencia es un motor, que cada vez que arranca consume entre 3 y 5 veces más amperios que lo que consume normalmente, después de arrancar.

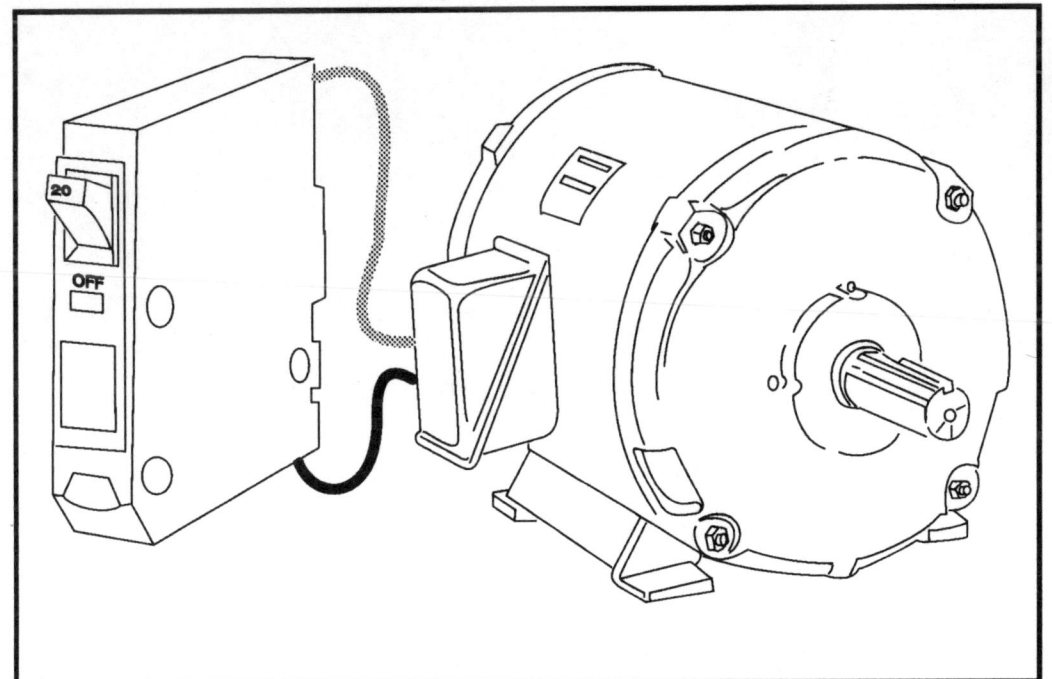

Para evitar que se funda el fusible cada vez que enciende un motor, se utiliza, en vez de fusible, un interruptor termomagnético o "breaker".

Si para quitarse la molestia de estar cambiado fusibles se pone uno más alto, más fuerte, se corre el peligro de que se queme la instalación, sin que siquiera se funda el fusible.

MANUAL DE INSTALACIONES ELÉCTRICAS

INTERRUPTORES DE CIRCUITO

TOMA DE CORRIENTE

Enseguida del interruptor principal o algunas veces dentro de la casa, se ponen otros interruptores que protegen los circuitos individuales. Estos interruptores son generalmente termomagnéticos, o "breakers".

Los interruptores termomagnéticos o "breakers" son muy prácticos. En lugar de un fusible, que hay que cambiar cada vez que se funde, usa una placa bimetálica que, cuando se calienta, se dobla y suelta el resorte que corta la corriente y baja el apagador.

Para volver a conectarlo o a restablecerlo, el botón del apagador se baja todavía más que en su posición de apagado.

Y se regresa a la posición de encendido. El interruptor automático tiene un retardador, de modo que sólo se apaga cuando la sobrecarga se mantiene durante un tiempo considerable.

Esto permite que los motores que toman mucho más corriente cuando arrancan, no fundan el fusible cada vez que se encienden.

TOMA DE CORRIENTE

INTERRUPTORES DE CIRCUITO

Los "breakers" o interruptores termomagnéticos vienen en cajas para uno o varios interruptores.

Están compuestos de la tapa que se atornilla a la caja, las pastillas o interruptores y la base a la que se fijan.

Pero cuando se funde un fusible no sólo hay que cambiarlo o restablecer el interruptor del "breaker", sino que primero hay que averiguar cuál es la causa de la sobrecarga y corregirla.

Cuando un fusible se funde o un interruptor se baja es que algo anda mal en la instalación. Antes de conectar hay que arreglarlo.

Puede ser que haya una sobrecarga porque hay más lámparas encendidas de las normales o muchos motores y aparatos trabajando a la vez. En ese caso, basta que apague unas lámparas y desconecte uno o dos aparatos y el problema quedará resuelto.

Pero si la causa no es demasiada carga sobre la instalación, entonces debe haber algún defecto en los aparatos o en las lámparas conectadas a ese circuito.

Busque la causa en las lámparas que hayan estado encendidas cuando se fue la energía.

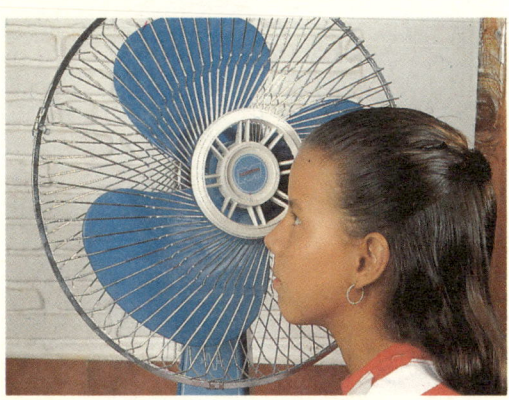

Vea entre los aparatos que hayan estado trabajando si hay alguno que huela a quemado.

Desconecte cualquier aparato que haya estado trabajando durante los últimos 20 o 30 minutos.

MANUAL DE INSTALACIONES ELÉCTRICAS

INTERRUPTORES DE CIRCUITO

TOMA DE CORRIENTE

Para restablecer la corriente después de haber corregido el problema, si es un "breaker", baje el botón todavía más y vuélvalo a subir. Eso es todo.

Aunque a veces puede suceder que el interruptor no conecte porque está dañado. En ese caso hay que cambiar la pastilla por otra nueva del mismo amperaje. Para cambiarla se corta toda la corriente, bajando la palanca del interruptor principal, y se quita la tapa de la caja de los interruptores de circuito o "breaker".

Con un desarmador se afloja el tornillo inferior de la pastilla, para separar el cable que lleva al borne inferior.

Luego se saca la pastilla dañada, jalándola para separar la clavija del contacto de la caja.

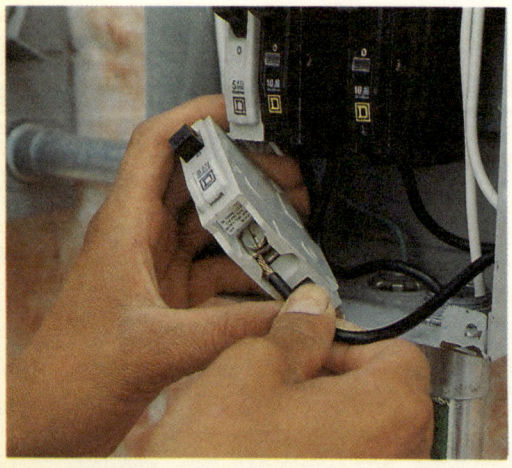

Se mete el cable negro en el borne inferior de la pastilla nueva.

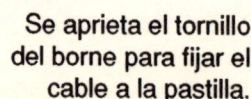

Se aprieta el tornillo del borne para fijar el cable a la pastilla.

TOMA DE CORRIENTE

INTERRUPTORES DE CIRCUITO

Enseguida se mete la clavija en el contacto de la caja hasta que la pastilla quede totalmente firme.

Finalmente, se vuelve a colocar la tapa del interruptor de circuitos, se suben los interruptores de las pastillas y se restablece la corriente desde el interruptor principal.

Pero si se trata de fusibles, baje la palanca.

Abra la caja y saque los fusibles.

Ábralos, girando los tapones de los extremos para ver cuál de ellos tiene la placa metálica fundida.

MANUAL DE INSTALACIONES ELÉCTRICAS

INTERRUPTORES DE CIRCUITO

TOMA DE CORRIENTE

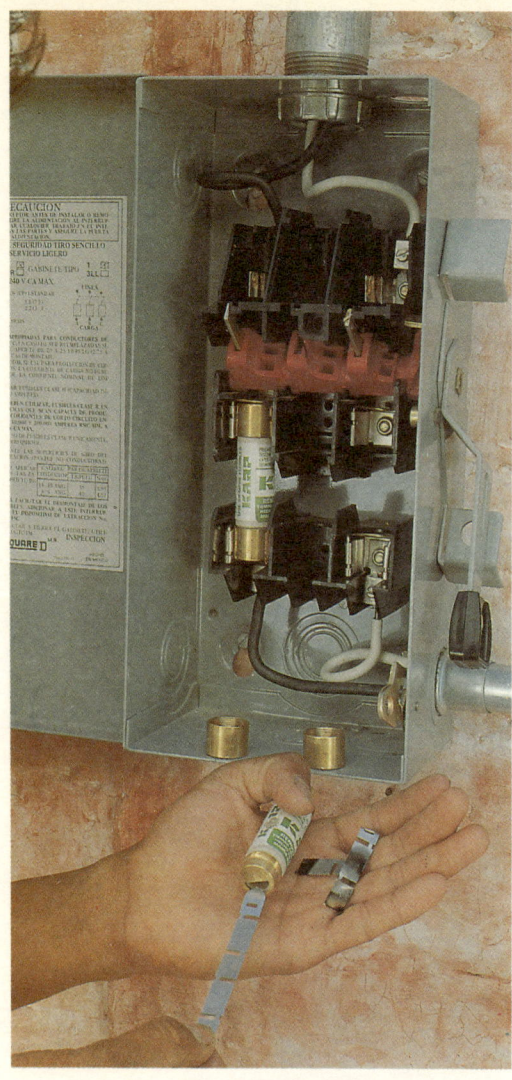

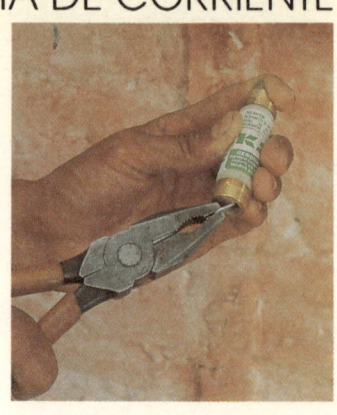

Coloque una nueva placa o fusible del mismo amperaje. Para colocarla, se meten los extremos del fusible en las ranuras de la tapa del cartucho y se doblan.

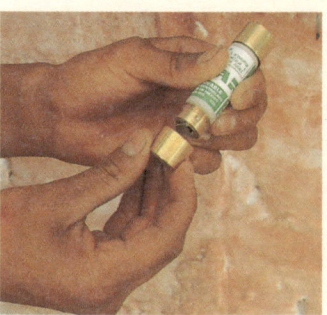

Se colocan nuevamente las tapas del cartucho.

Ya que lo encontró, saque los fragmentos fundidos que hayan quedado.

Se meten los fusibles en su base.

Y se restablece la corriente subiendo la palanca del interruptor.

94   MANUAL DE INSTALACIONES ELÉCTRICAS

TOMA DE CORRIENTE

CIRCUITOS

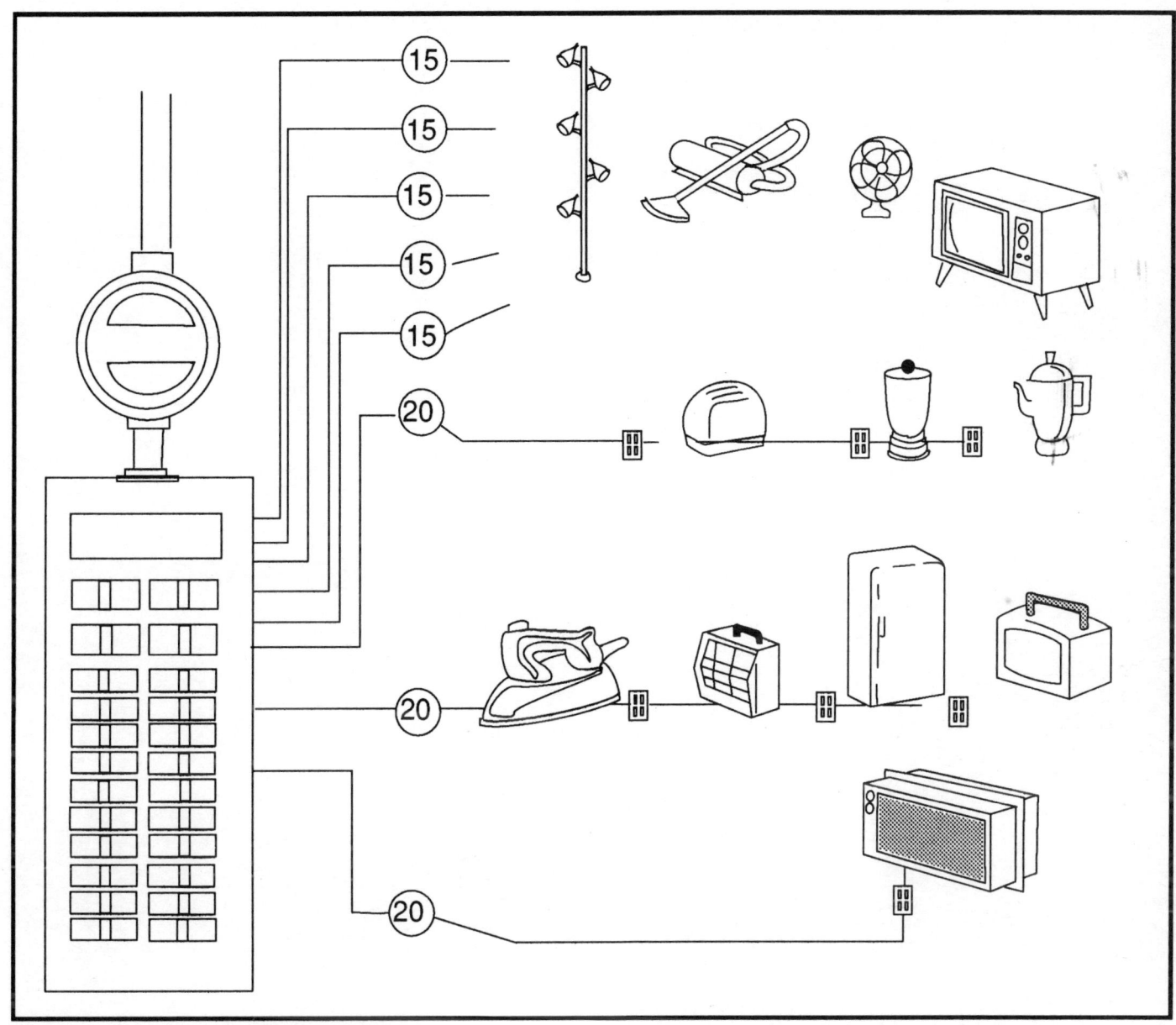

Si todas las luces y aparatos de una casa estuvieran protegidos por un solo fusible, todo quedaría a oscuras cuando se fundiera el fusible. Eso sería un inconveniente.

Además, los cables tendrían que ser muy gruesos para soportar todo el amperaje necesario para que operaran todas las lámparas y artefactos de una casa. Sería una instalación demasiado cara.

Por tanto, las diferentes salidas para lámparas y contactos de una instalación se separan en circuitos pequeños, con cable más delgado, generalmente del 12 y del 14, protegidos con un fusible de 15 o 20 amperios.

Cualquier punto donde se use la corriente eléctrica es una salida. Una lámpara, aunque tenga cinco focos, se considera como una salida.

Cuando el fusible se funde o el interruptor se baja, todas las salidas de ese circuito quedan muertas, pero todas las demás, que dependen de otros circuitos, siguen con corriente.

MANUAL DE INSTALACIONES ELÉCTRICAS

Los conductores de la instalación de una casa corren por el interior de las paredes de mampostería y las losas de concreto, dentro de unos tubos llamados conduit.

COLOCACIÓN DE TUBO CONDUIT

Tubo conduit	98
Tubo metálico rígido	99
Doblado del tubo	101
Tubo metálico flexible	102
Tubo de plástico flexible o poliducto	102
Cajas	103
Conectores	105
Instalaciones	107
Instalación entubada visible	108
Instalación metida en concreto	109
Ranurado	111

TUBO CONDUIT

Cuando los conductores y los tubos corren por las losas y columnas de concreto, el tubo se coloca antes del colado, ya que se puso la cimbra y la armadura; lo único que falta es verter el concreto.

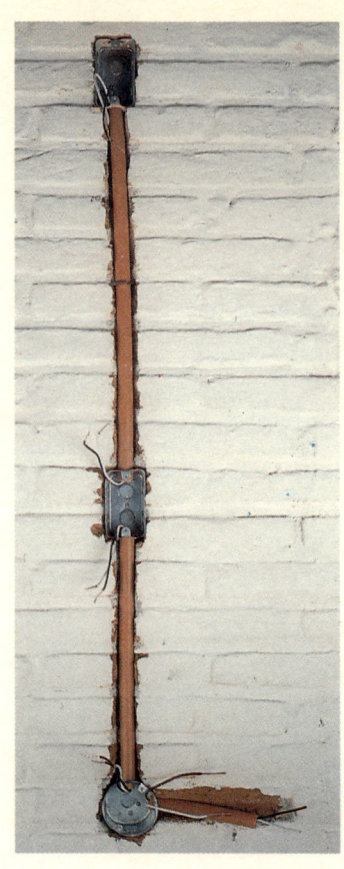

En los muros de mampostería, el tubo conduit va dentro de una ranura que se hace antes o después de colocar el aplanado de mezcla y después se tapa, para recibir el yeso y la pintura.

En las instalaciones aparentes, lo más común y más seguro es que los conductores vayan dentro de tubos, de modo que la mayoría de los conductores en una casa van dentro de un tubo.

Por tanto, lo primero que se hace al iniciar una instalación es un proyecto de entubado. El tubo que se usa es el tubo conduit. Hay cuatro clases principales de tubo conduit: tubo de pared gruesa, galvanizado o negro; tubo de pared delgada, galvanizado o negro; tubo anillado flexible, y tubos de plástico rígido o flexible llamado poliducto.

TUBO CONDUIT

TUBO METÁLICO RÍGIDO

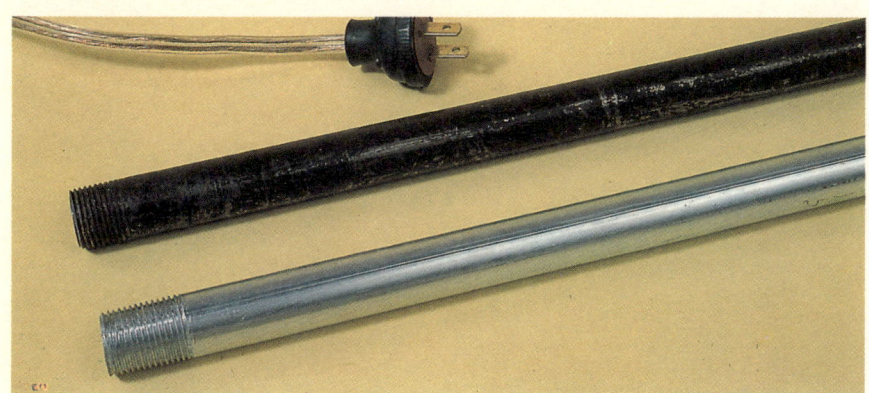

Los tubos metálicos rígidos son tubos de acero sin costura a lo largo, que están galvanizados para protegerlos de la oxidación o van pintados de negro por el interior y el exterior. Se venden en tramos de tres metros

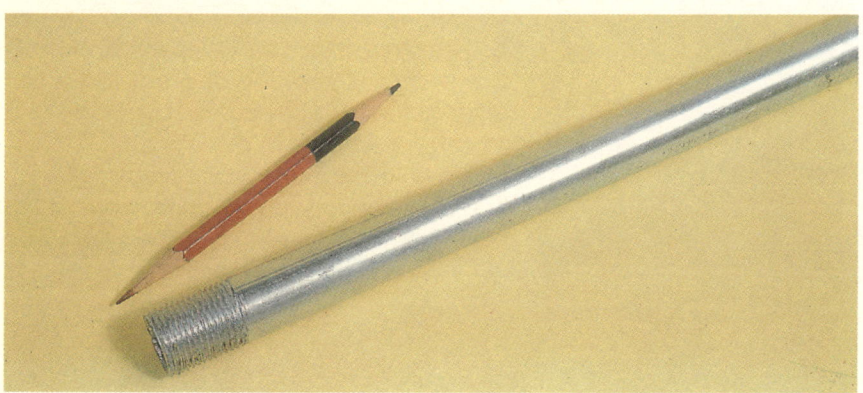

El tubo conduit galvanizado se puede utilizar en toda clase de instalaciones. Es el tubo adecuado para las instalaciones visibles, porque no se oxida a la intemperie. Es el tubo que se usa en lugares húmedos y, con frecuencia, el que se emplea en los jardines.

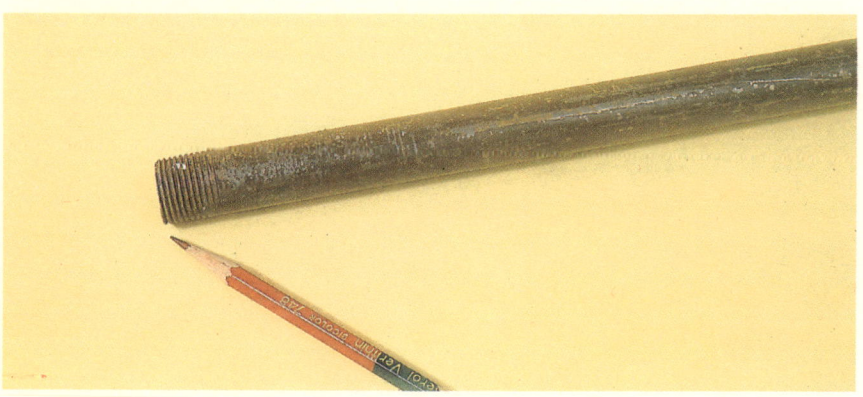

El tubo negro no se debe utilizar a la intemperie porque después de un tiempo, se oxida y corroe. Se usa principalmente para colado y en instalaciones ocultas.

Los tubos gruesos o de pared gruesa se conocen como tubos pesados; tienen los extremos roscados, como los tubos de agua, y se conectan entre sí, y a las cajas de salida con coples y conectores roscados. Para hacer las roscas nuevas se utiliza la tarraja.

Se utilizan principalmente, en los colados de losas gruesas, de más de 10 cm de espesor, porque el peso del concreto no los deforma.

MANUAL DE INSTALACIONES ELÉCTRICAS

TUBO METÁLICO RÍGIDO

TUBO CONDUIT

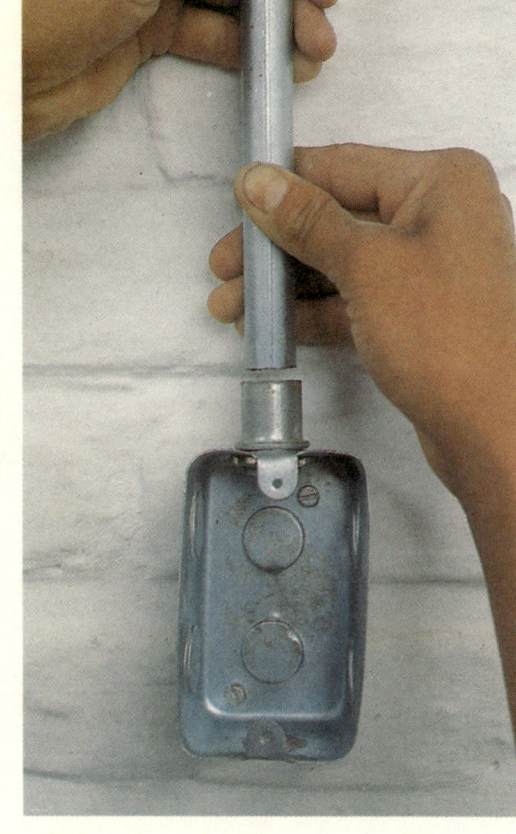

Los tubos de pared más delgada, se conocen como tubos ligeros y se usan en colados delgados, en los que la losa tiene no más de 10 cm de espesor.

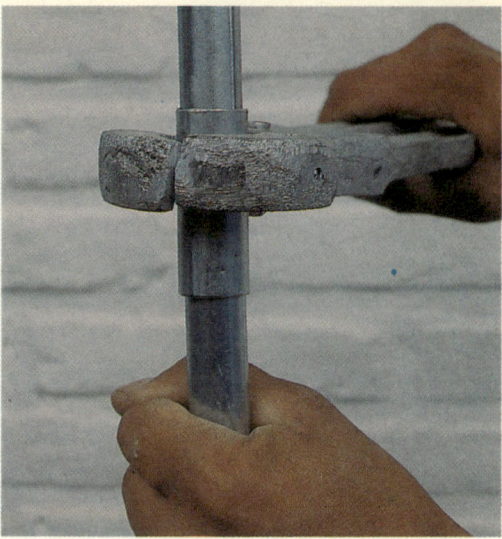

Los tubos delgados no llevan rosca, sino que se unen con coples de presión, que en algunos modelos se aprietan con unas pinzas especiales. En colados más pesados, estos tubos tienen problemas, porque el concreto a presión se mete por pequeñas rendijas en las uniones, tapando el tubo.

Tampoco soporta el vibrador de concreto que, si llega a tocar una instalación de tubos ligeros, la destroza con facilidad.

Pero el tubo ligero es mucho más sencillo de trabajarse, pues no necesita tarrajarse, sino sólo unirse con coples y conectores que entran a presión en el tubo.

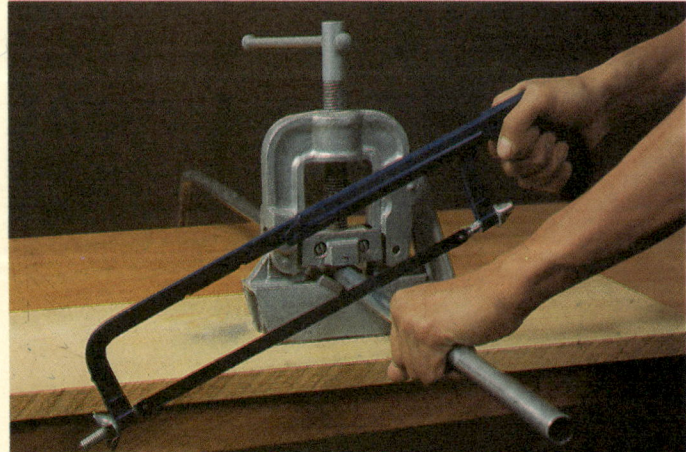

El tubo metálico rígido se corta con segueta, colocándolo en una prensa para tubos.

Ya cortado, con una lima se quitan las rebabas de la pared interior, para que no lastimen el aislante del conductor y no se pueda producir un desgarre y luego un cortocircuito.

MANUAL DE INSTALACIONES ELÉCTRICAS

TUBO CONDUIT

DOBLADO DEL TUBO

Tanto el tubo pesado como el ligero se pueden doblar o curvar para adaptarlos a los recorridos más convenientes. Para ese trabajo se utiliza un doblatubos

El doblatubos tiene dos elementos: uno es el arco donde se introduce el tubo y otro, la palanca sobre la que se aplica la fuerza para curvarlo. Los arcos son de diferentes diámetros, correspondientes a los distintos gruesos de los tubos.

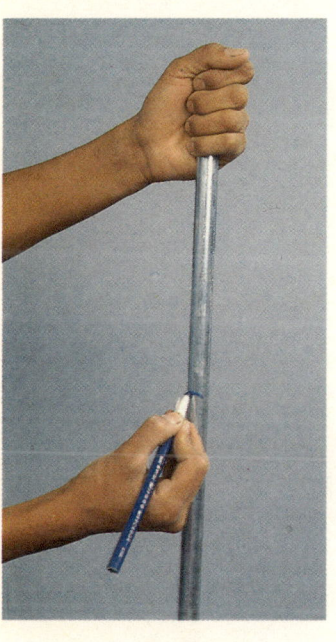

Para doblar el tubo, marque los extremos de la parte que se va a curvar.

Coloque el doblador, del diámetro adecuado al tubo, en uno de los extremos del tramo que se va a curvar.

Comience el curvado apoyando la punta del tubo contra la pared, jalando la palanca hacia la pared, hasta que la punta recta alcance una tercera parte de la curvatura deseada.

Mueva o desplace el doblador a que quede a una tercera parte del tramo a doblar. Jale la palanca y doble otra tercera parte.

MANUAL DE INSTALACIONES ELÉCTRICAS

DOBLADO DEL TUBO

TUBO CONDUIT

Recorra el doblador hasta dos tercios del tramo que va a doblar y termine el doblado.

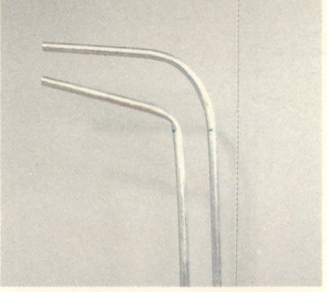

No haga curvas cerradas y haga el doblado con mucho cuidado para no apretar o disminuir la sección circular del tubo. Si la curva es cerrada o la sección circular del tubo se deforma, costará trabajo meter y pasar la guía de acero con que se mete el cable dentro del tubo, aunque se le haya puesto un poco de grasa.

También se puede hacer un doblador en "T", con un trozo de tubo de agua y una conexión en T, sólo que los avances al doblar tienen que ser más pequeños, con mucho cuidado, aumentando los puntos de doblado.

Si el tubo que se dobla es corto, simplemente, se mete en otro de mayor diámetro y se dobla en varios pasos.

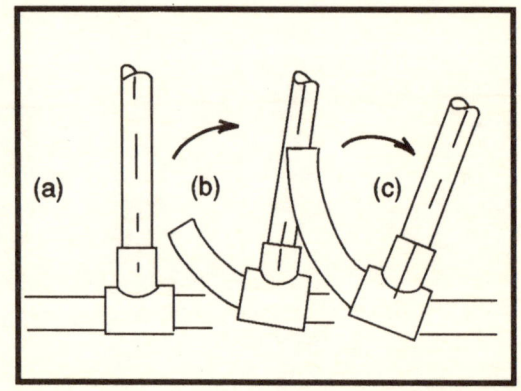

TUBO METÁLICO FLEXIBLE

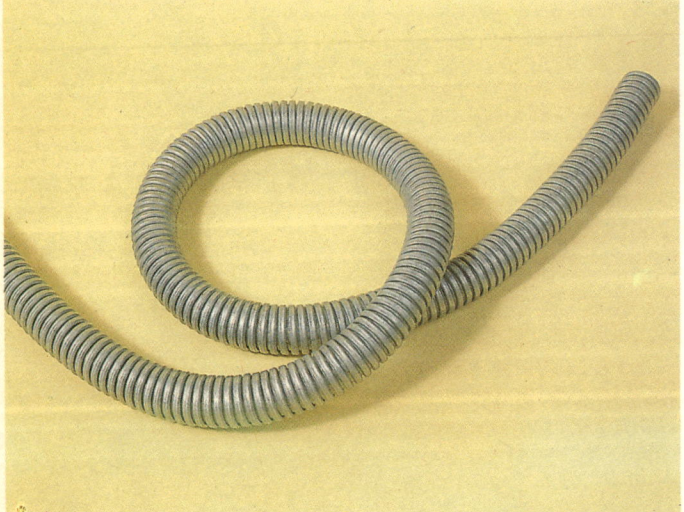

El tubo metálico flexible, o poliducto, es una cinta de acero galvanizado enrollada en espiral sobre sí misma, y con sus espiras entrelazadas en tal forma que proporciona una buena resistencia mecánica y gran flexibilidad. Se compra por metro lineal y se usa en instalaciones visibles, cuando se conectan a máquinas y motores eléctricos.

TUBO DE PLÁSTICO FLEXIBLE O POLIDUCTO

Los tubos de plástico flexible o poliducto no se oxidan. Se venden en rollos de 100 metros, por lo que se pueden cortar a la medida exacta de cada tramo. Como son flexibles se pueden curvar a mano, sin necesidad de doblatubos. Tienen coples, conectores y curvas de plástico.

TUBO CONDUIT

CAJAS

Los conductores corren por dentro de los tubos conduit y salen en las salidas. Las salidas se hacen con unas cajas de metal o chalupas.

En estas cajas se alojan los apagadores, los contactos y los portalámparas o simplemente, las uniones de unos cables con otros. Se fijan a los extremos o puntas de los tubos y nunca quedan descubiertas, pues llevan las tapas de los aparatos que alojan o su propia tapa.

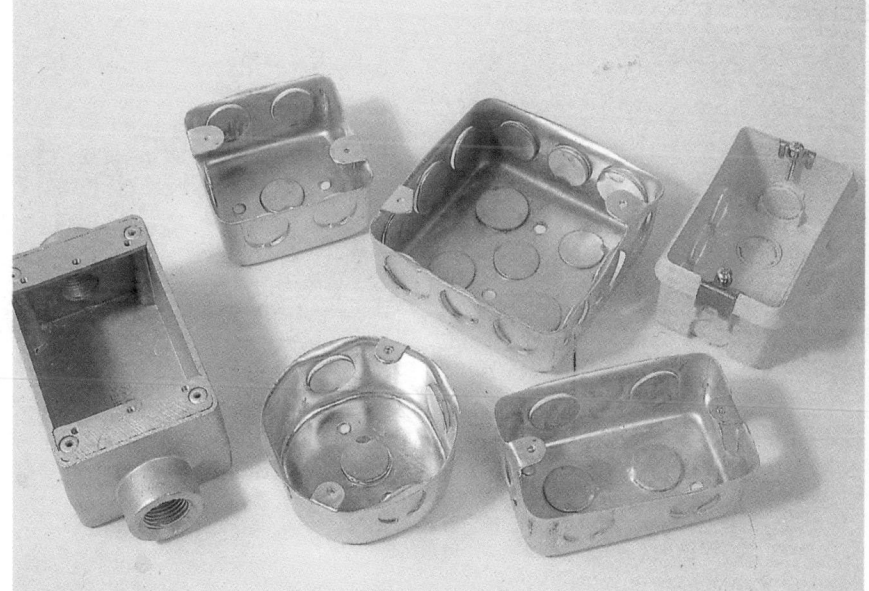

Las cajas se fabrican de lámina de acero galvanizada o esmaltada de 1 a 2 mm de grueso.

Las hay octogonales o de ocho lados, rectángulares, llamadas "chalupas", y cuadradas.

CAJAS

TUBO CONDUIT

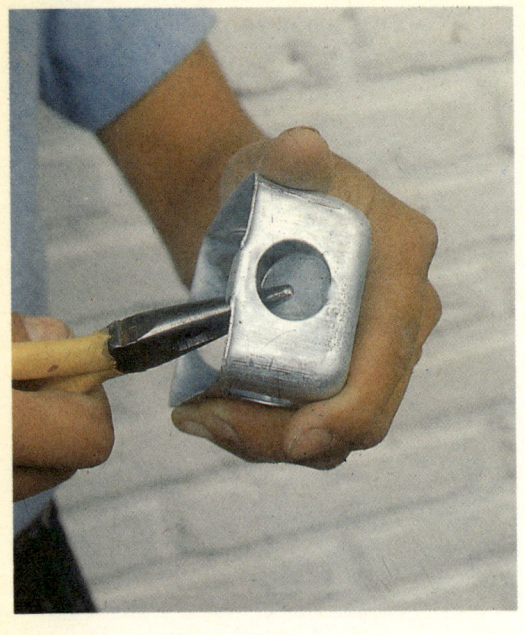

Las cajas tienen en sus lados y en el fondo, perforaciones cuyas tapas o "chiquiadores" se quitan fácilmente con un poco de presión. Por esos orificios se meten los conectores que se fijan a las cajas.

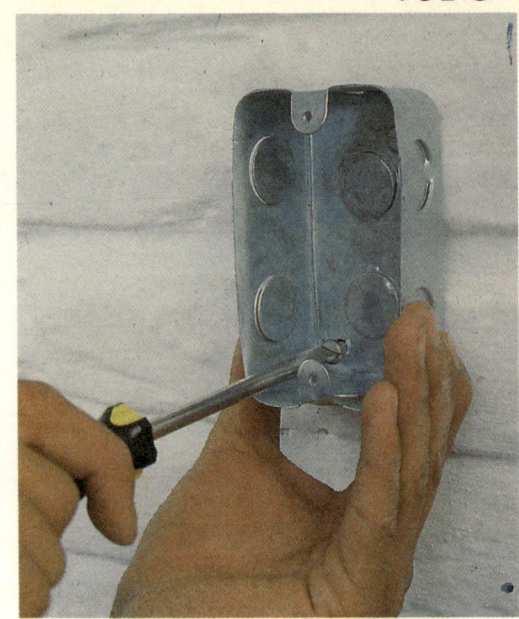

Algunos modelos tienen agujeros pequeños para fijarlos al muro y techo, con tornillos y clavos, cuando se hacen instalaciones visibles o sobre plafones falsos.

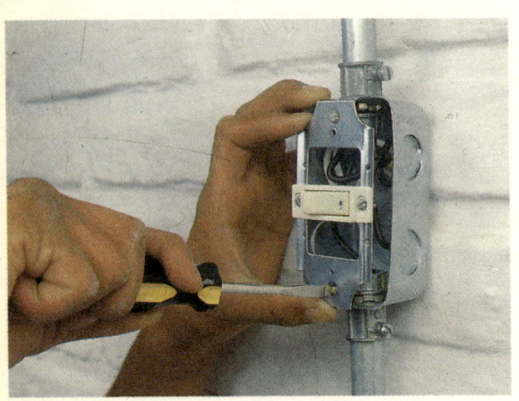

Tienen, además, unas orejas con agujeros para fijar y colocar los tornillos de los elementos eléctricos a las cajas.

La caja octogonal, también llamada "redonda", se usa en techos y paredes para fijar lámparas y candiles. Mide de 7 a 9 cm entre sus caras opuestas y tiene una profundidad de 4 a 5 cm.

La caja cuadrada se usa para los lugares donde sólo se van a unir o derivar conductores. Miden de 5 a 10 cm de lado y 4 cm de profundidad.

La caja rectangular o chalupa se usa para los apagadores y los contactos. La más común mide 5.5 cm de ancho y 10 cm de largo, con una profundidad de 4 a 6 cm.

En las instalaciones embutidas, las cajas se deben rellenar de papel para evitar que se les meta el concreto o la mezcla.

TUBO CONDUIT

CONECTORES

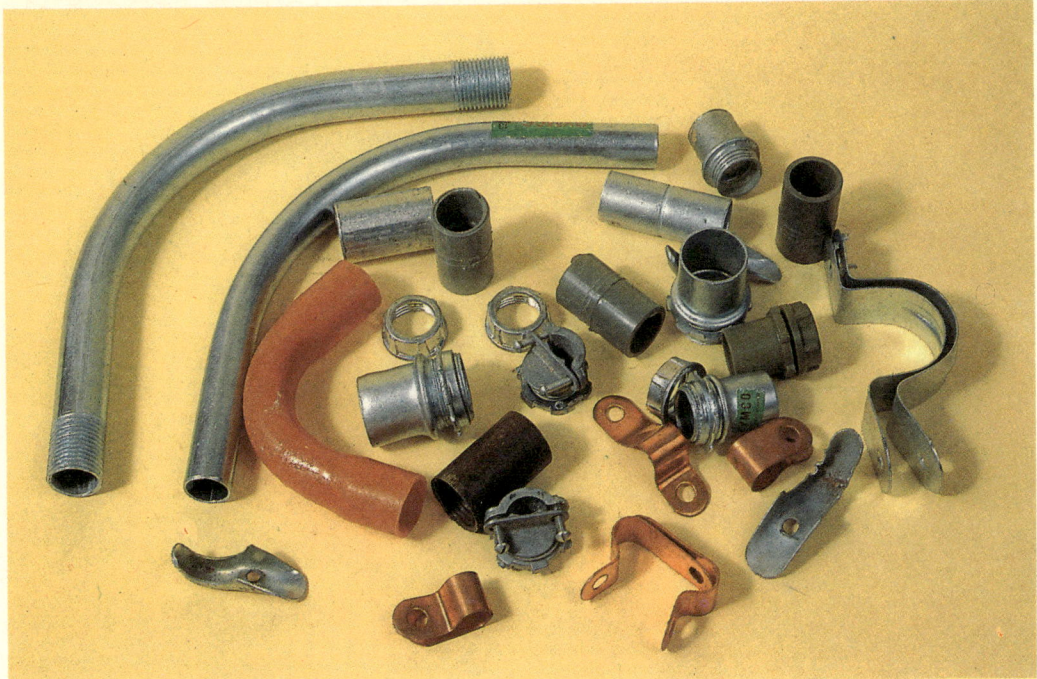

Además de los tubos y las cajas hay diversos accesorios. Para conectar los tubos a las cajas hay conectores, tuercas y boquillas.

Para unir los tubos entre sí, hay coples. Los coples pueden ser roscados, para los tubos de pared gruesa o de presión, para los delgados y de plástico. Los de presión consisten en un tubo liso con una cintura que los divide en dos partes iguales que reciben los tubos, a presión.

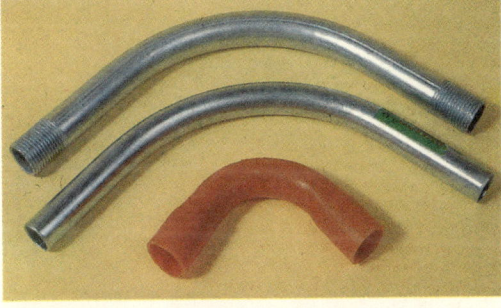

Hay curvas o codos para ajustar el tubo a las necesidades de su recorrido. Las curvas o codos tienen una curvatura amplia, para que el conductor pueda pasar sin que haya quiebres que se lo impidan.

Para detener los tubos contra la pared, en las instalaciones visibles, se usan abrazaderas.

MANUAL DE INSTALACIONES ELÉCTRICAS

CONECTORES

TUBO CONDUIT

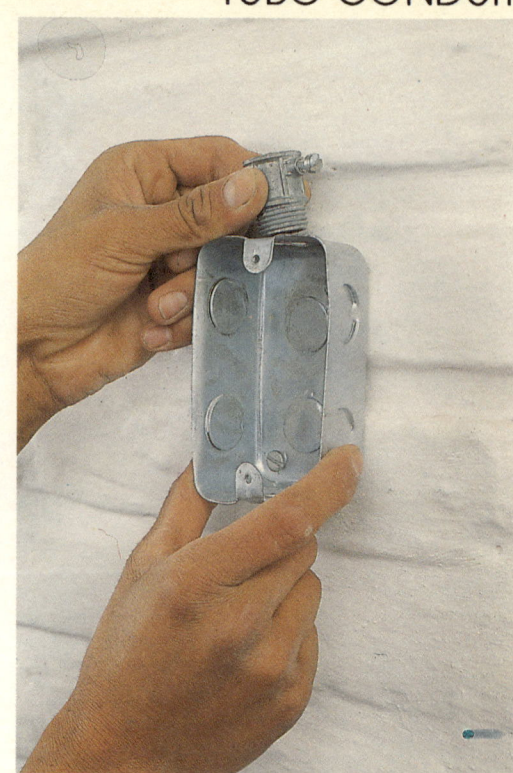

Los conectores entran en los orificios de las cajas y sirven para recibir los tubos, fijarlos a las cajas firmemente y evitar daños en el aislamiento de los cables.

Para recibir los tubos, hay las boquillas roscadas y las boquillas de presión. En ambas, la parte del conector que entra en la caja tiene rosca y se fija a la caja con una contratuerca y una boquilla, llamada monitor.

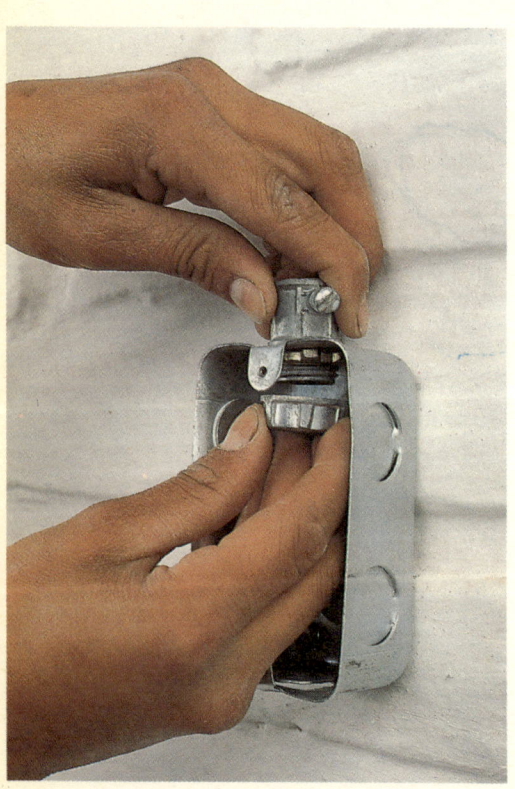
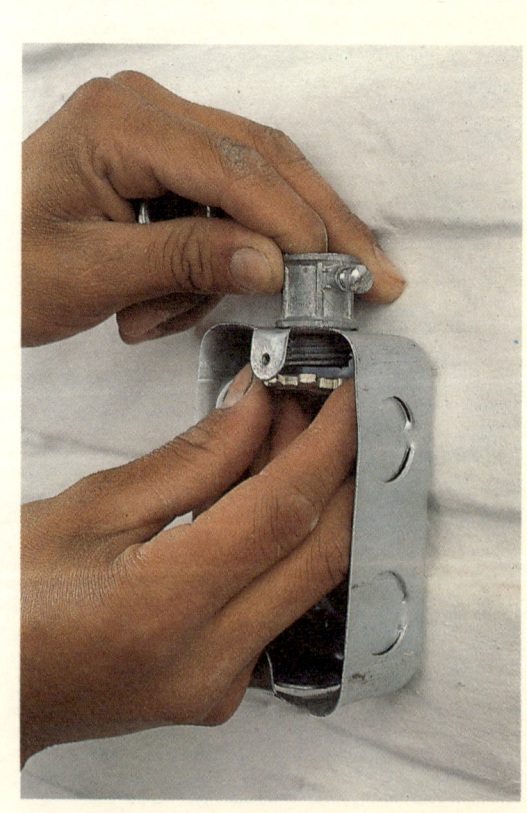

La contratuerca sirve para fijar el conector a la caja.

Mientras que el monitor, que es otra tuerca con un borde interior redondeado, sirve para proteger el aislante de la superficie cortante en la punta del tubo.

106 MANUAL DE INSTALACIONES ELÉCTRICAS

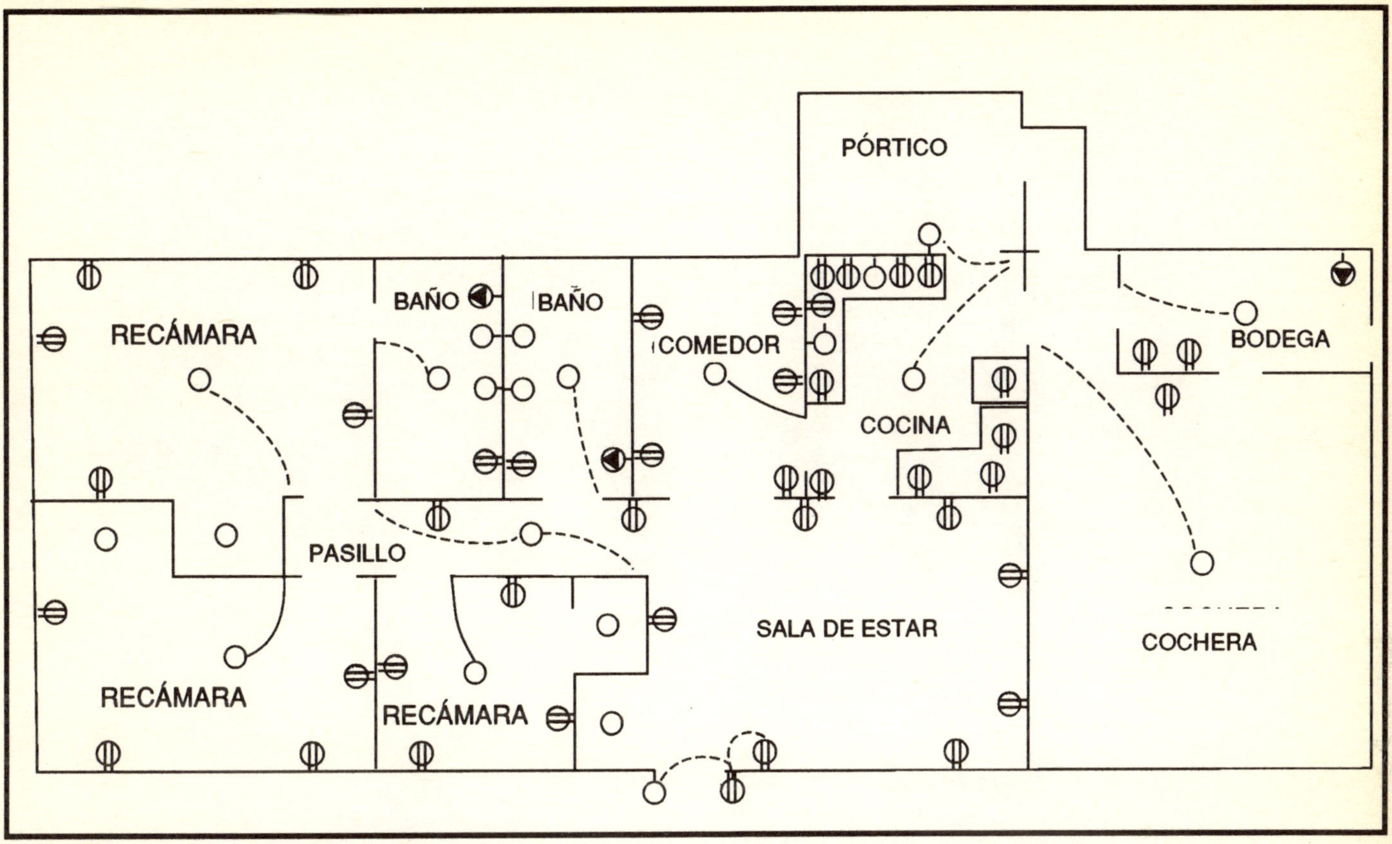

TUBO CONDUIT

INSTALACIONES

Antes de hacer cualquier instalación, se necesita un plano o un dibujo que muestre dónde se va a localizar cada salida y como debe correr el cable de una caja a otra. De eso hablaremos más adelante, en el capítulo de proyectos.

La instalación se comienza marcando, sobre los muros y techos, los lugares donde deberá quedar cada salida e indicando el recurrido de los tubos.

Los contactos deben ir 30 cm arriba del nivel del piso, procurando que haya un contacto cada dos metros y medio.

Los apagadores generalmente se ponen a los lados de las puertas a 1.20 m del nivel del piso definitivo del cuarto.

MANUAL DE INSTALACIONES ELÉCTRICAS

INSTALACIÓN ENTUBADA VISIBLE — TUBO CONDUIT

Para colocar la tubería de una instalación visible, se usa tubo galvanizado. Primero, se localizan los lugares donde van a quedar las lámparas, los apagadores y los contactos.

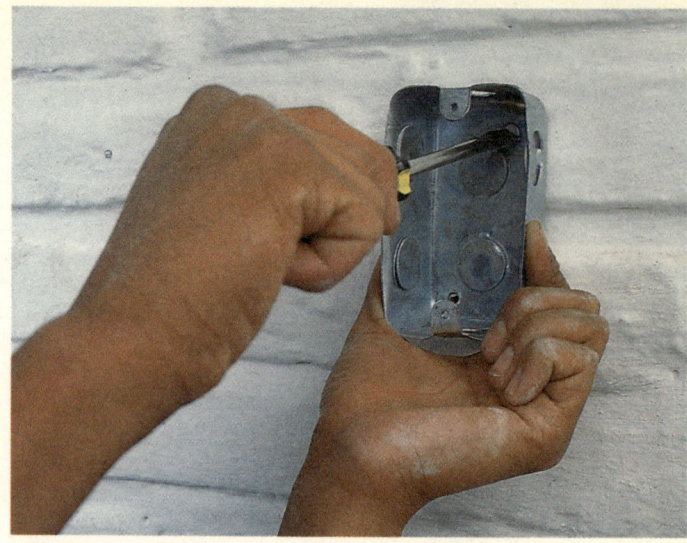

Enseguida, se fijan las cajas correspondientes.

Luego, se colocan los tubos conduit que deben ir entre una caja y otra fijándolos a los muros y techos, con abrazaderas.

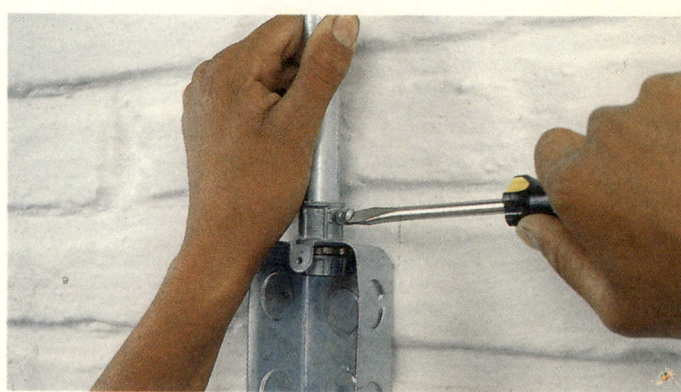

Los tubos se colocan de manera que lleguen a las cajas en ángulo recto, para fijarlos a sus conectores, con las contratuercas y los monitores.

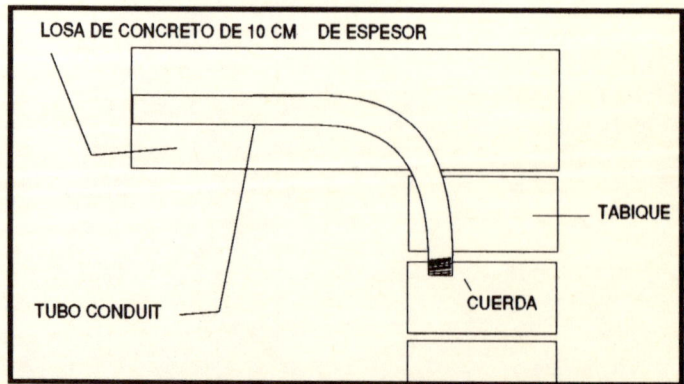

El recorrido de un tubo del techo que baje por la pared hasta un apagador o un contacto, se hace doblando cualquiera de los extremos de los tubos que vayan a unirse.

TUBO CONDUIT

INSTALACIÓN METIDA EN CONCRETO

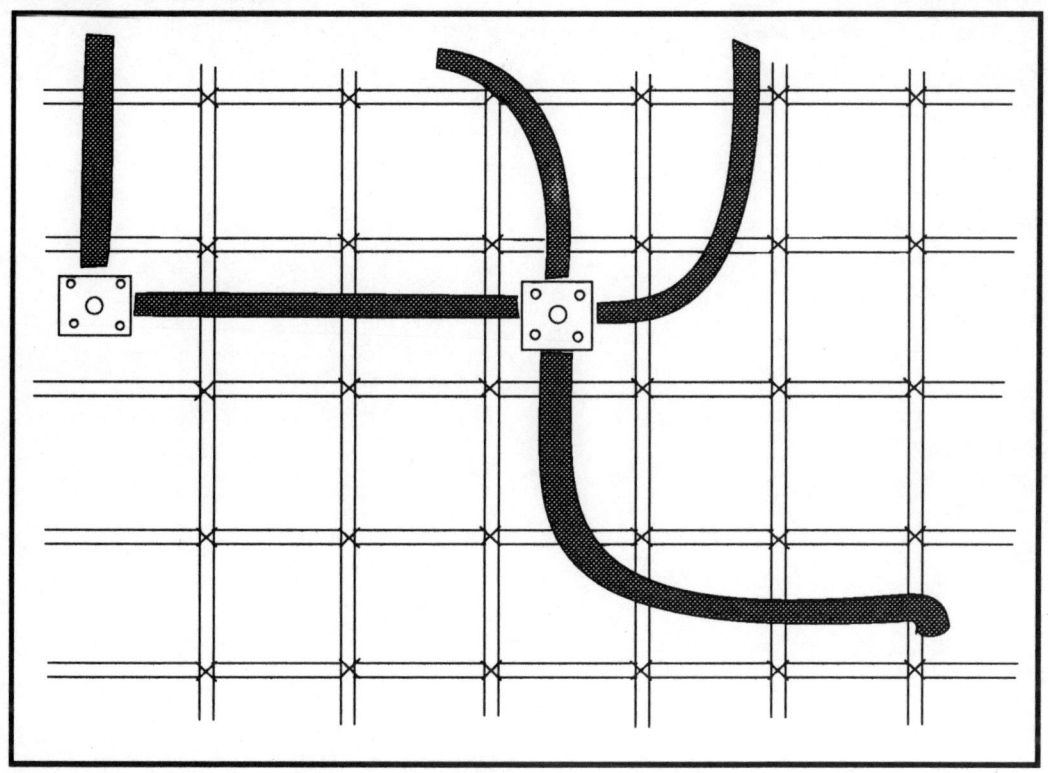

En la cimbra del emparrillado que se va a colar, se marcan los lugares donde van a quedar las salidas, según el plano de la instalación eléctrica.

Se colocan las cajas en el lugar preciso y se marca con un lápiz su contorno sobre la cimbra.

Enseguida se pone la tubería haciendo los dobleces necesarios a fin de llegar de una caja a otra. Hay que cuidar que los dobleces no sean demasiado cerrados.

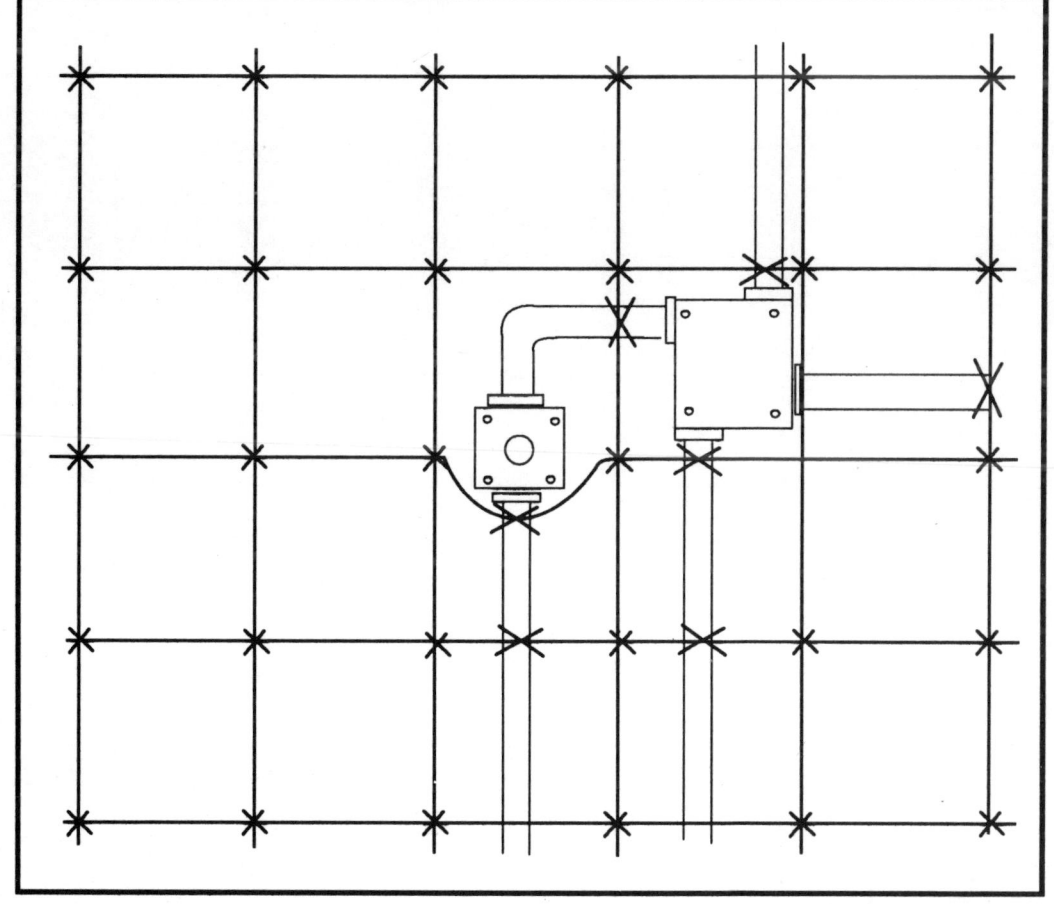

Los tubos se conectan a las cajas, con las contratuercas y monitores bien apretados, pero con los conectores flojos para poder mover las cajas.

Las cajas se rellenan completamente con papel húmedo, apretado, para que no les entre el concreto.

Luego se clavan las cajas a la cimbra, con clavos grandes que traspasen la madera.

La tubería se amarra a la estructura de acero, con alambre negro o recocido, para que no se mueva cuando se vibre el colado, sobre todo si se usa vibrador mecánico.

MANUAL DE INSTALACIONES ELÉCTRICAS

INSTALACIÓN METIDA EN CONCRETO — TUBO CONDUIT

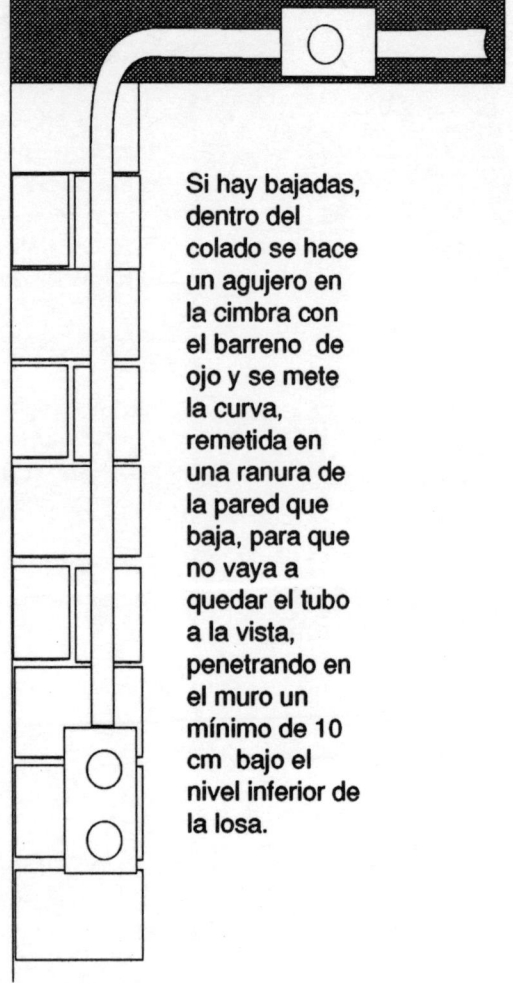

Si hay bajadas, dentro del colado se hace un agujero en la cimbra con el barreno de ojo y se mete la curva, remetida en una ranura de la pared que baja, para que no vaya a quedar el tubo a la vista, penetrando en el muro un mínimo de 10 cm bajo el nivel inferior de la losa.

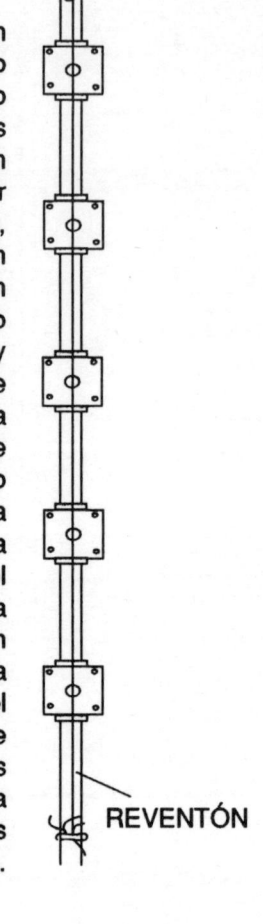

Si en un cuarto grande o pasillo las cajas tienen que quedar alineadas, se toma un cordón llamado reventón y se anuda de tal manera que pase por el centro de la primera caja y por el centro de la última. Con la referencia del reventón, se marcan los lugares para las demás cajas.

REVENTÓN

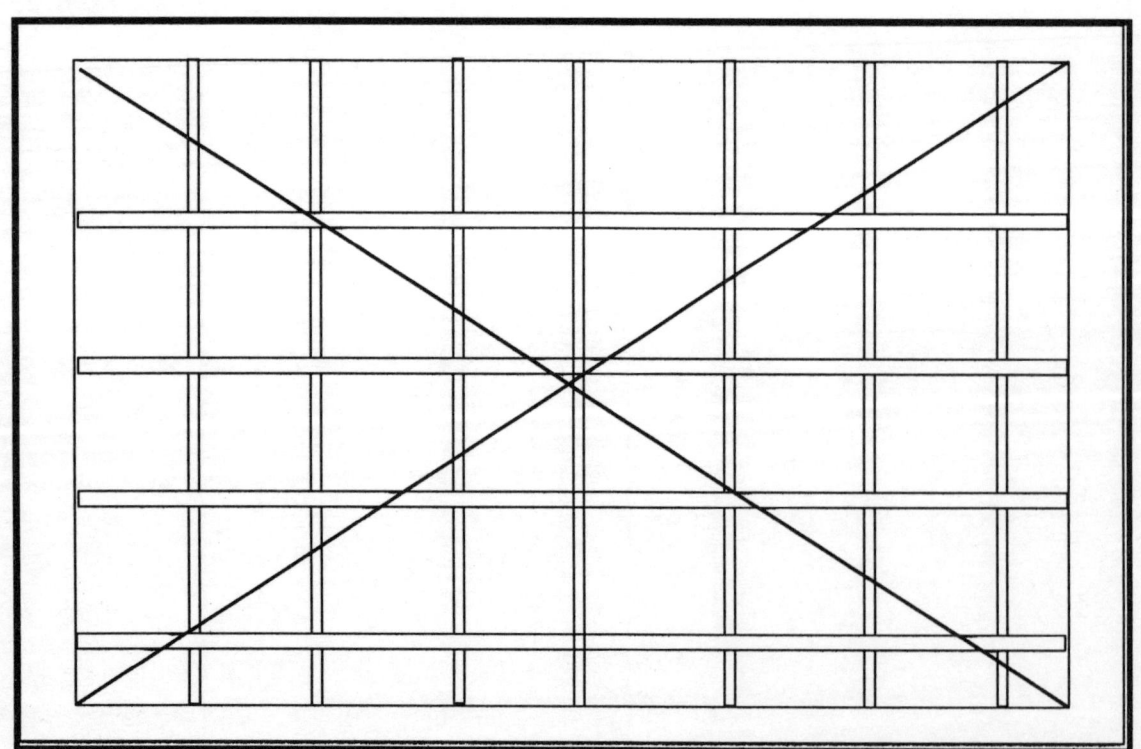

Si se necesita sacar el centro exacto de un cuarto, con el reventón se corren dos diagonales que unan las esquinas opuestas. El lugar donde se juntan es el centro del cuarto.

TUBO CONDUIT

RANURADO

También, con cincel y martillo, se hacen los huecos para las cajas de las salidas, ya sean octogonales, cuadradas o rectangulares.

El recorrido de los tubos en los muros para los contactos y apagadores se hace a través de ranuras hechas con cincel y martillo, de un ancho parejo y de una profundidad fija, de acuerdo con el diámetro del tubo, que debe quedar completamente remetido en el muro.

Una vez hechas las ranuras se colocan las cajas.

Enseguida se pone el tubo conduit, que generalmente es poliducto. Se mete a presión, arqueando un poco los tramos.

Cuando el tubo sobresale un poco, se mantiene en su lugar, remetido, metiendo un clavo en el punto en que sobresale más de la ranura.

Después, con las pinzas se dobla el clavo, de manera que sostenga al tubo a la profundidad correcta.

MANUAL DE INSTALACIONES ELÉCTRICAS

Ya que se terminó el ranurado y colocó la tubería, pero antes de que lleguen los pintores, se hace el alambrado o cableado, colocando dentro de cada tramo de tubo los conductores anotados en el proyecto.

ALAMBRADO

Colocación del conductor 114
Colocación de apagadores 117
Colocación de contactos 119
Colocación de lámparas 123
Lámparas fluorescentes 125
Timbres 126
Flotadores 127

COLOCACIÓN DEL CONDUCTOR

ALAMBRADO

Cuando se trata de tramos cortos y rectos, basta con meter el cable y empujar hasta que salga por el otro lado.

Pero cuando son tramos más largos o tienen curvas, es necesario utilizar una guía de acero que tiene un ojal en un extremo.

La punta de este cable de acero se mete por un extremo del tubo a través de la caja, empujando hasta que sale la punta por el otro extremo, en la otra caja. Como la cinta es flexible pasa con facilidad por las curvas.

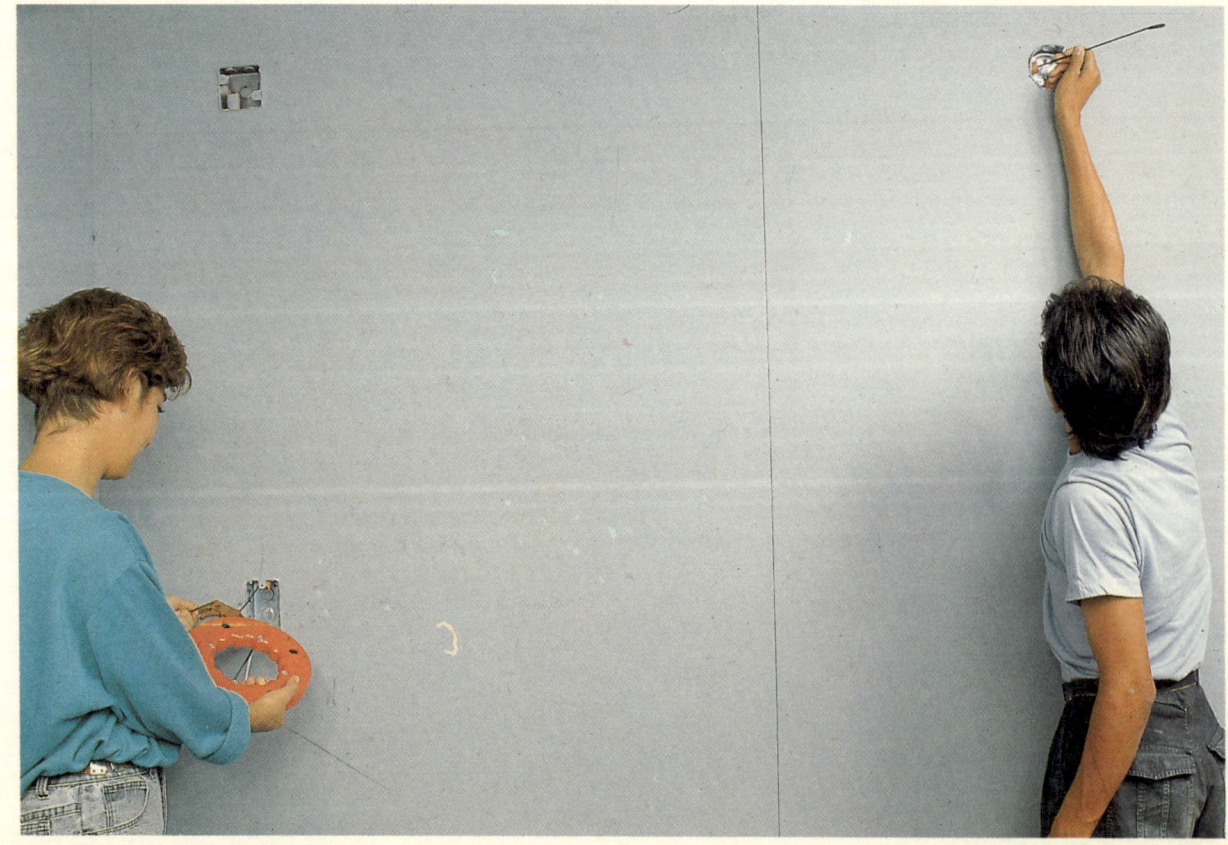

ALAMBRADO

COLOCACIÓN DEL CONDUCTOR

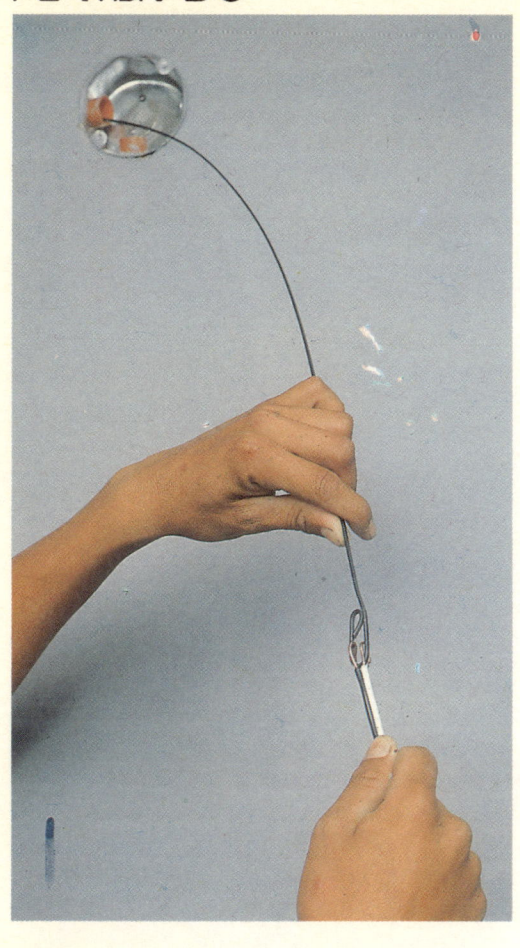

En el ojal se anuda la punta de los cables que se van a colocar en ese tramo.

Luego, se jala la cinta de acero para que los cables pasen por el tubo conduit. Para facilitar su paso por los tubos se les pone grasa o manteca, con lo que se deslizan mucho mejor.

MANUEL DE INSTALACIONES ELÉCTRICAS

COLOCACIÓN DEL CONDUCTOR

ALAMBRADO

Otra manera de alambrar es meter los conductores en cada tramo de tubo antes de colocar los tubos en las cajas, de tal manera que cuando se coloque el tubo ya lleve los conductores que se indican en el proyecto.

Este sistema es muy práctico cuando se emplea tubo de plástico flexible.

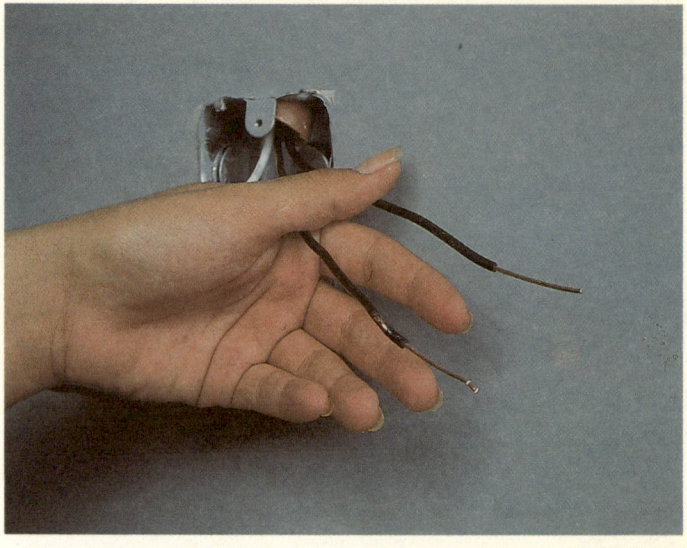

En cada salida, es decir, en cada caja se deja un tramo de unos 15 cm de punta de cada cable.
Para poder identificar o reconocer de dónde viene y a dónde va cada cable, sobre todo cuando hay dos cables negros, se hacen muescas en el aislante o dobleces en la punta para saber a qué pertenecen.

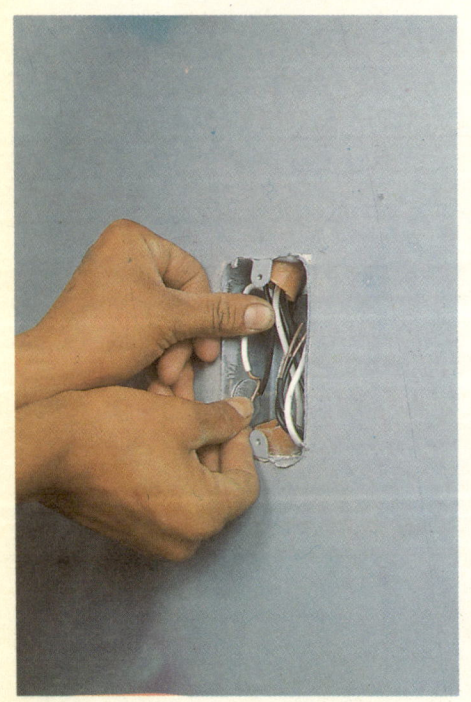

Una vez hecho el alambrado, las **puntas de los cables se doblan** y guardan dentro de las cajas de salida.

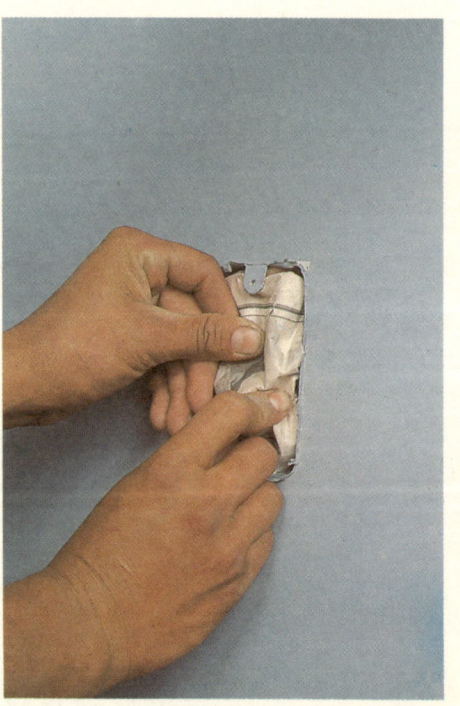

Luego, las cajas se tapan nuevamente con papel para evitar que los yeseros y los pintores las llenen de yeso o pintura.

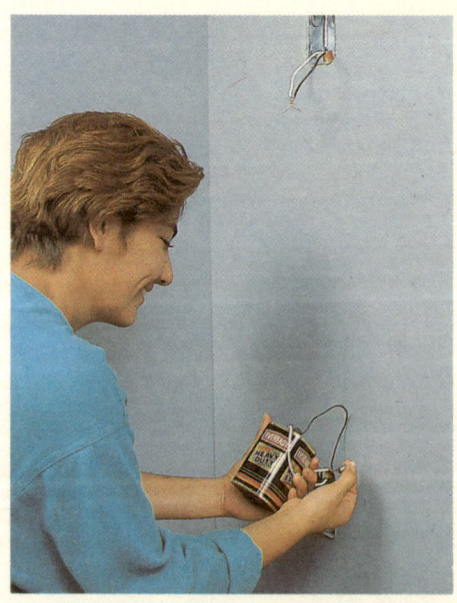

La unión de los cables para formar los circuitos, la prueba de los circuitos, la colocación de las lámparas, los apagadores y los contactos se hacen con mucho cuidado y con las manos muy limpias, después de que los pintores han terminado.

116 MANUAL DE INSTALACIONES ELÉCTRICAS

ALAMBRADO

COLOCACIÓN DE APAGADORES

La mejor manera de hacer las conexiones de los conductores a los tornillos terminales de los apagadores, contactos y lámparas, es cuando el alambre se puede sacar completamente de la caja. Para eso, al alambrar hay que dejar suficiente cable en cada salida.

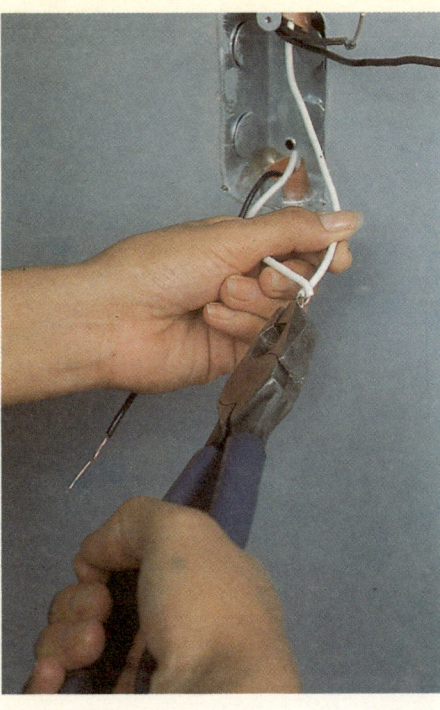

En cada una de las salidas lo primero que se hace es unir las puntas de aquellos cables que deben correr de una caja a otra, como este cable blanco que debe correr hacia un contacto que queda abajo del apagador que se va a colocar enseguida.

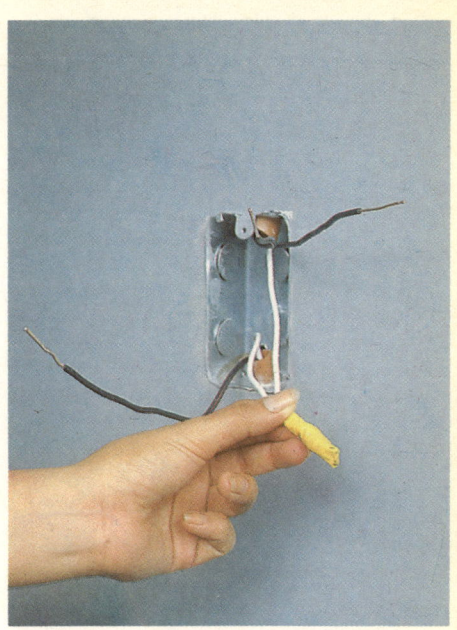

Después de unidos los cables se aíslan.

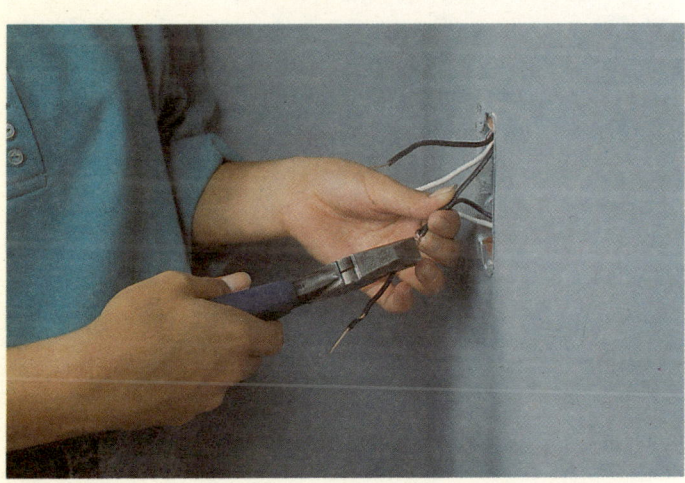

Por la parte superior de la "chalupa" entran dos cables negros, uno con una muesca en el aislante, para indicar que es el cable que debe entrar al apagador con la corriente, mientras que el otro cable negro, sin muesca, es el que debe salir del apagador rumbo a la lámpara.

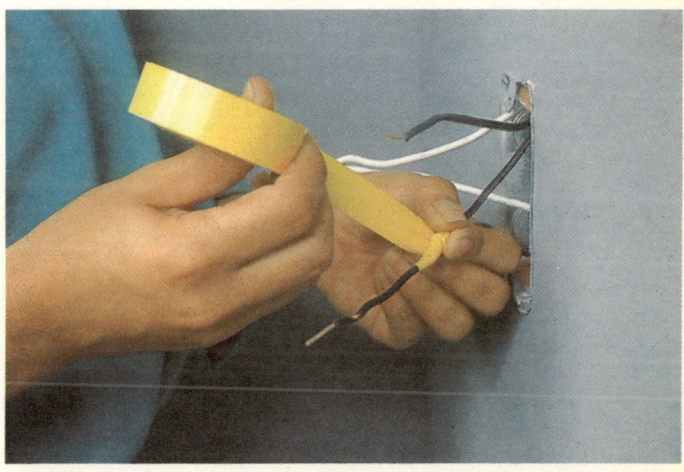

El cable negro, "vivo", que entra al apagador, debe también correr hacia un contacto que se encuentra abajo. Por tanto, hay necesidad de unir ese cable negro con la muesca, al cable negro que va al contacto.
De la unión de esos dos cables se debe derivar un cable que se colocará como entrada de corriente en el apagador.

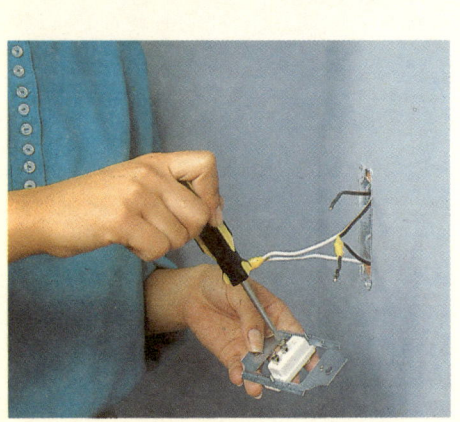

Se toma el apagador ya montado en su puente y se aflojan los tornillos de los bornes.

MANUAL DE INSTALACIONES ELÉCTRICAS

COLOCACIÓN DE APAGADORES

ALAMBRADO

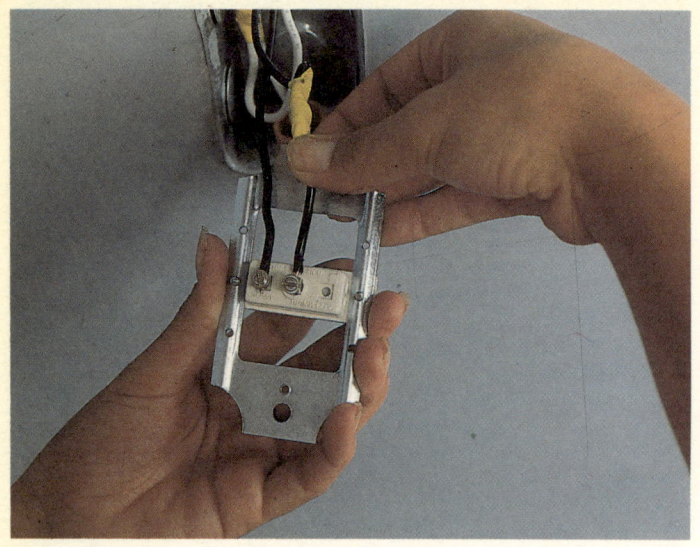

Se meten los dos cables negros en los bornes del apagador.

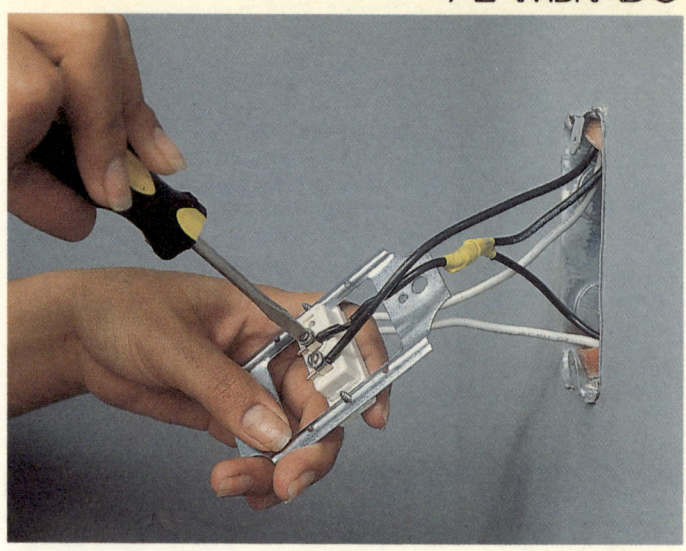

Con el desarmador, se aprietan firmemente los tornillos de los bornes.

Enseguida se empuja el puente con el apagador y los conductores dentro de la caja, doblando los cables de manera que entren sin que haya tensión en las uniones.

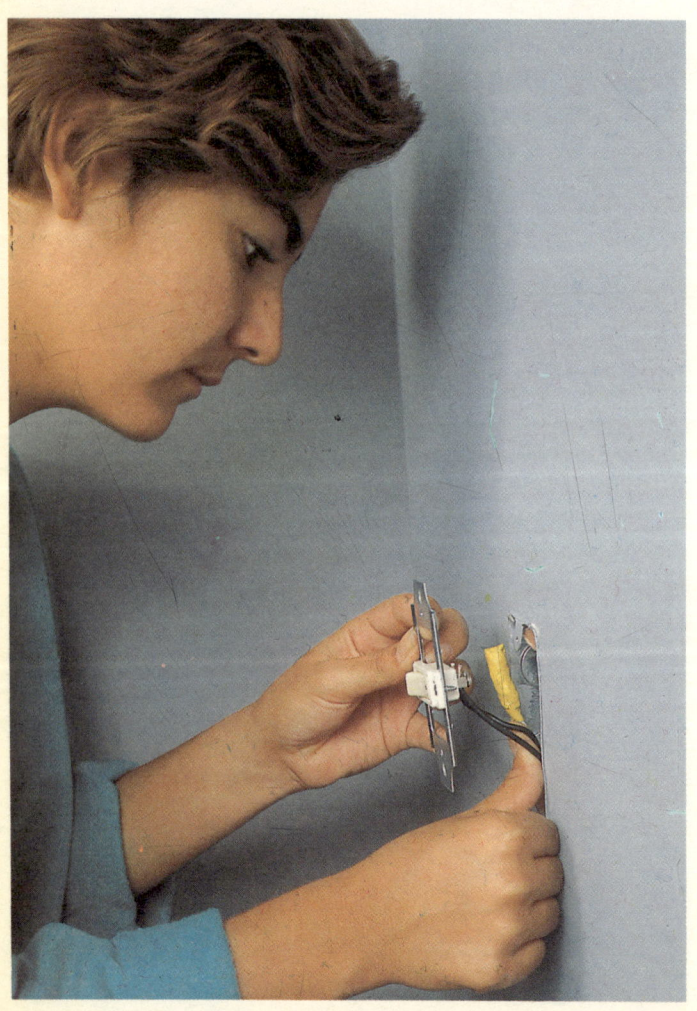

Luego, se atornilla el puente a las orejas de la "chalupa".

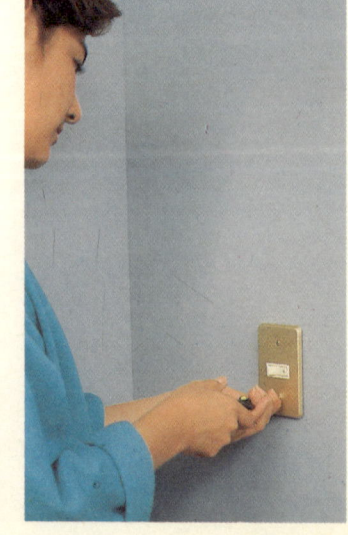

Y, finalmente, se coloca la placa y se atornilla.

118 MANUAL DE INSTALACIONES ELÉCTRICAS

ALAMBRADO

COLOCACIÓN DE CONTACTOS

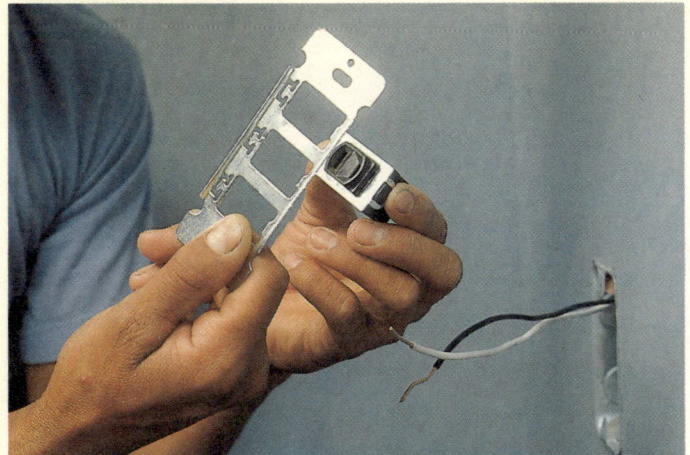

Hay muchos modelos de contactos, pero el proceso para colocarlos es muy parecido.

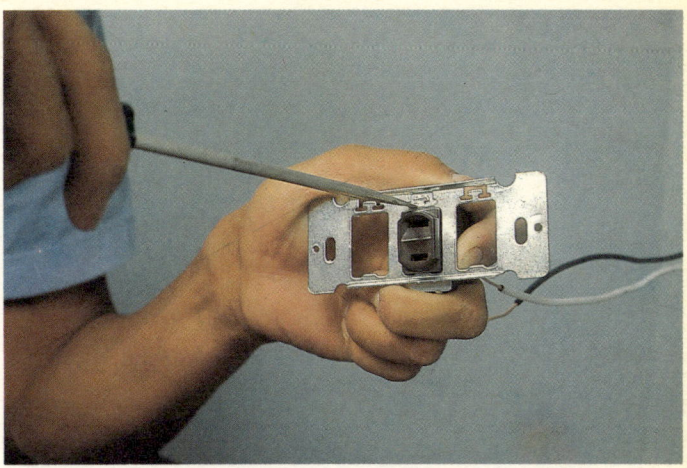

En este modelo, el contacto se monta en el puente doblando o torciendo una pequeña pieza de metal que atora el contacto y lo fija al puente.

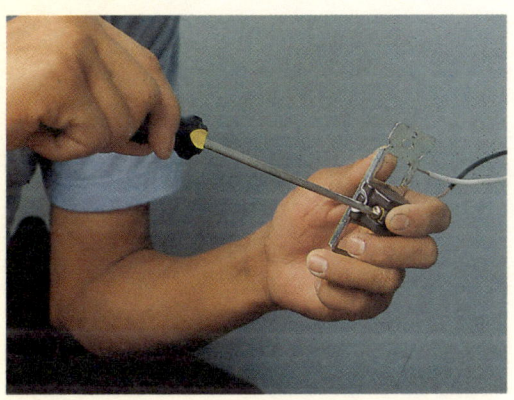

Enseguida se aflojan los tornillos de los bornes del contacto.

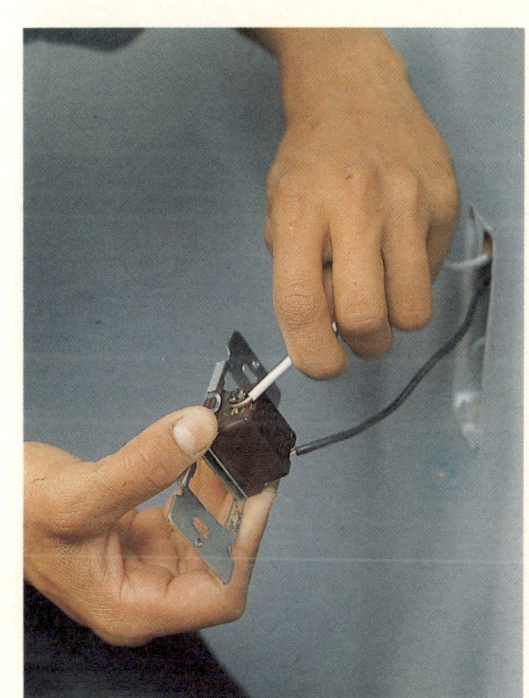

Luego se hace un gancho en los cables para colocarlos alrededor de los tornillos, que luego se aprietan.

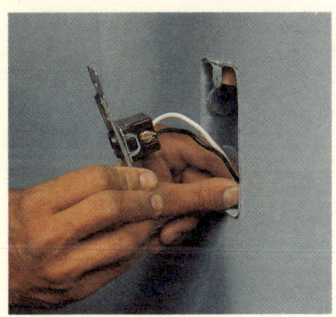

Hay que poner los alambres en los aparatos de tal manera que al girar los tornillos para apretarlos, tiendan a apretar el alambre y no a aflojarlo.

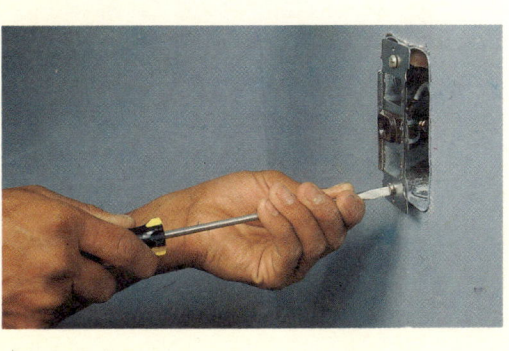

Luego, el puente del contacto se monta en la chalupa, usando los tornillos que vienen con el contacto.

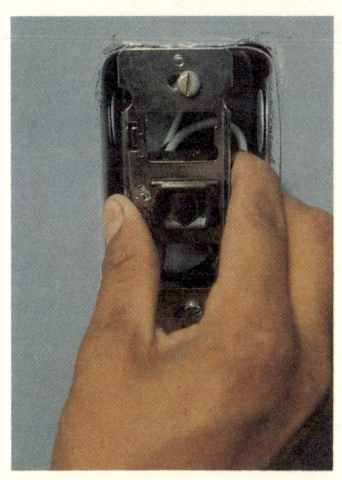

Esos tornillos se meten a través de los agujeros ovalados del puente y se insertan en los agujeros de las orejas de la chalupa. Los agujeros del puente son ovalados para que el contacto pueda ser colocado vertical, derecho, aun cuando la chalupa esté inclinada. Enseguida se atornilla la tapa en los orificios que tiene la placa que soporta el contacto.

MANUAL DE INSTALACIONES ELÉCTRICAS

COLOCACIÓN DE CONTACTOS

ALAMBRADO

Hay que poner los conductores en los aparatos de manera que al girar los tornillos tiendan a presionar el alambre y no a aflojarlo. Además, hay que cuidar que el ojal sea completo, no a la mitad, ni de más, y que no esté chueco o inclinado, sino plano para que el tornillo asiente bien.

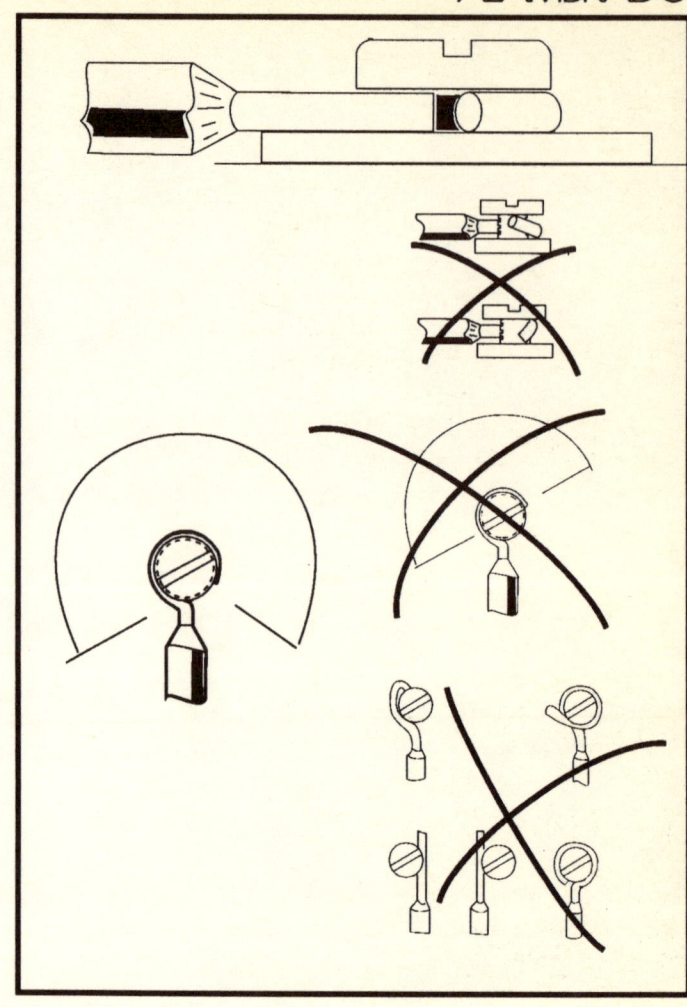

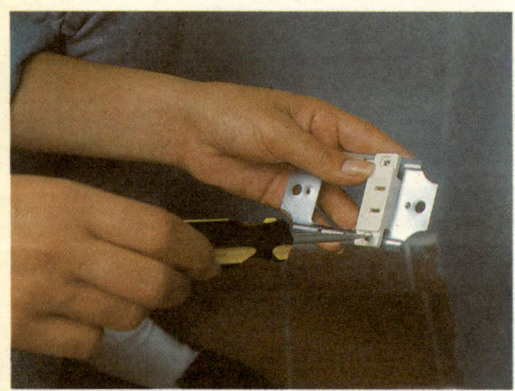

Muchas veces dentro de una misma placa se colocan varios contactos. Para eso se coloca el primer contacto en uno de los extremos del puente.

Luego se colocan los demás contactos. Generalmente, en una misma placa caben hasta tres.

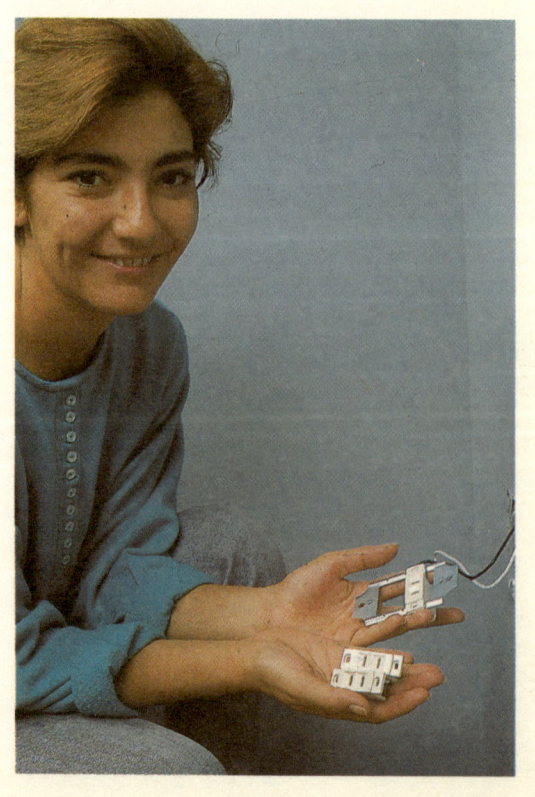

ALAMBRADO

COLOCACIÓN DE CONTACTOS

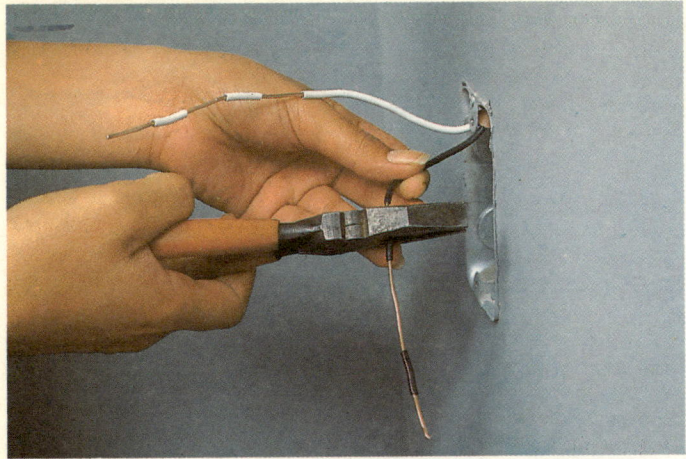

Enseguida se pelan tramos o secciones de la punta del cable, tantas como contactos se vayan a colocar. Para pelar los alambres se corta alrededor del aislante y se jala, para recorrerlo un tramo de unos dos centímetros.

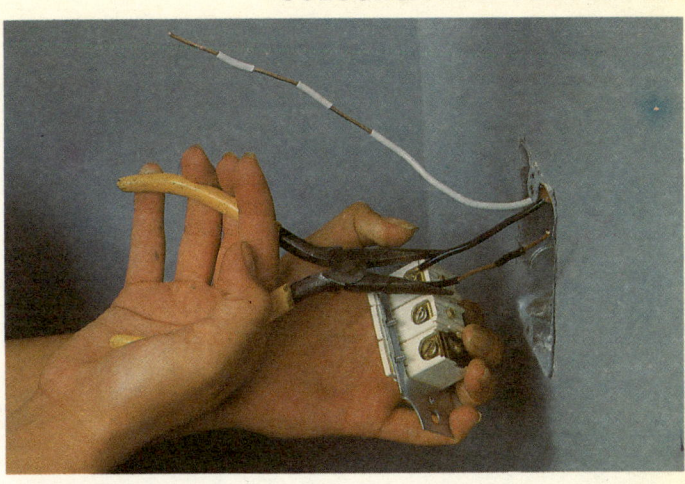

El tramo sin aislante más alejado de la punta se dobla con las pinzas y se mete alrededor del tornillo en el borne del primer contacto.

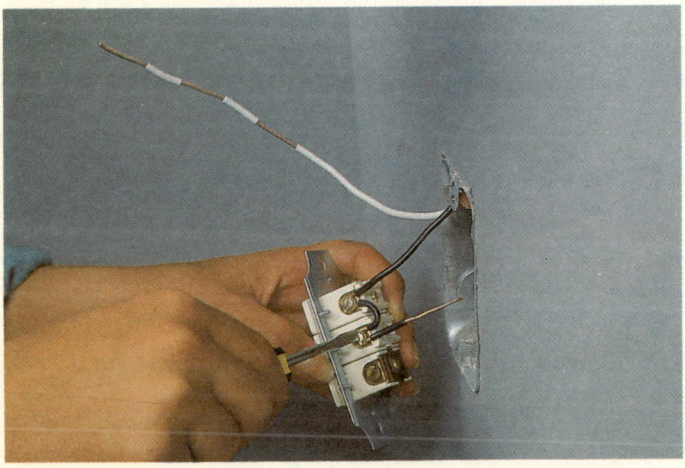

Luego, se dobla el siguiente tramo de alambre pelado y se coloca alrededor del tornillo del borne del segundo contacto.

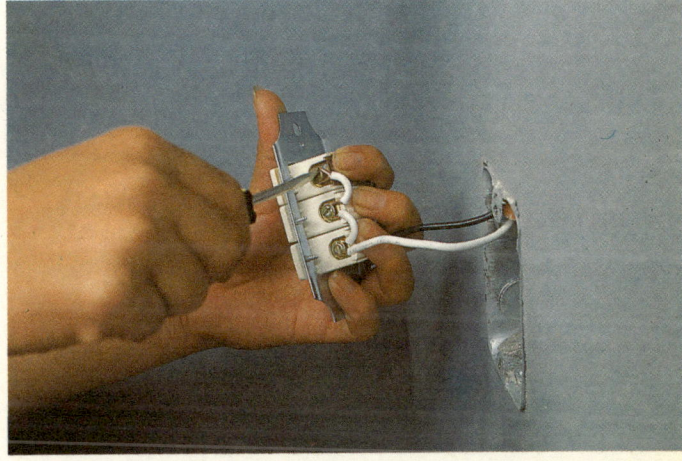

De la misma manera se dobla y coloca la punta del cable en el borne del tercer contacto. Eso se repite con el otro cable en los bornes del otro lado de los contactos.

Se doblan los cables para meterlos en la caja o "chalupa" y se fija el puente con los tornillos.

Por último se coloca la placa.

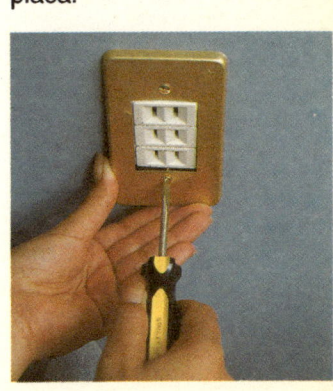

MANUAL DE INSTALACIONES ELÉCTRICAS

COLOCACIÓN DE CONTACTOS

ALAMBRADO

Hay unos contactos dobles que tienen dos bornes a cada lado, con el objeto de "puentear" o pasar corriente a otros contactos. Los hay también, como éste, que tienen un borne para colocar un cable de protección a tierra.
En uno de los bornes de un lado del apagador se coloca el cable negro que entra a la "chalupa".

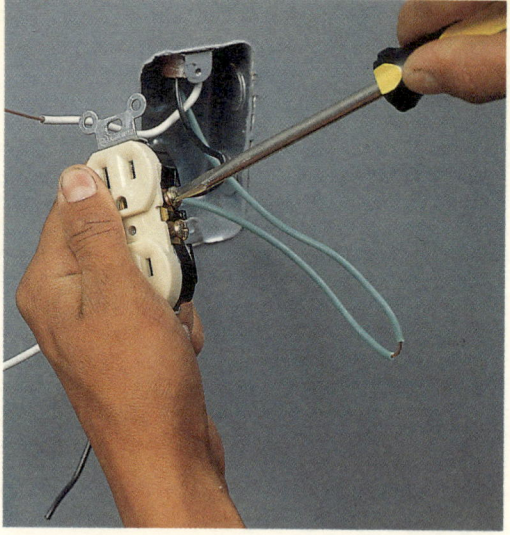

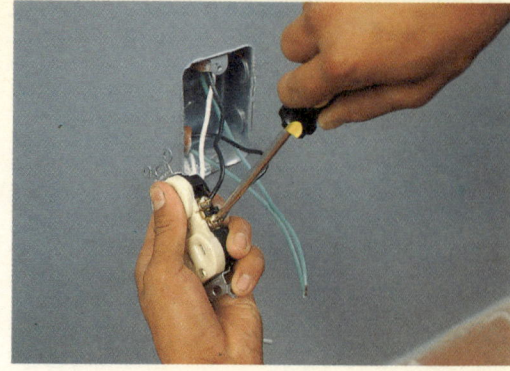

En el otro borne de ese mismo lado se coloca el cable negro que sale de la "chalupa" rumbo al otro contacto. Es decir, se "puentea" la corriente con los bornes del contacto.

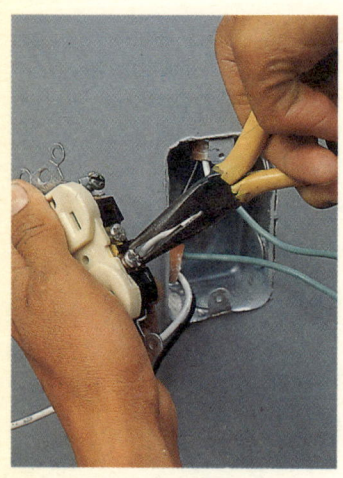

En uno de los bornes del otro lado se coloca el cable blanco que entra a la "chalupa.".

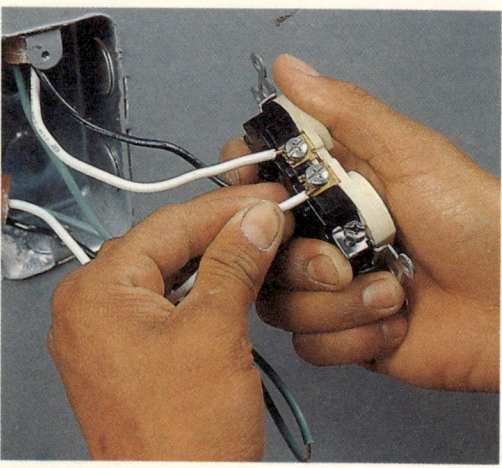

Mientras que en el otro borne se coloca el cable blanco que sale con destino al otro apagador.

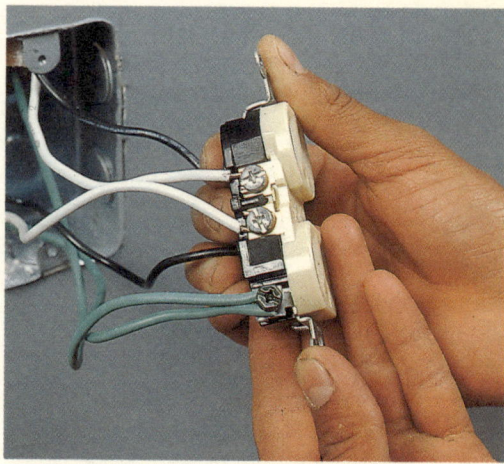

Enseguida, el cable verde de tierra se fija al borne de tierra del contacto. Para puentear la tierra sobre un solo borne, lo que se hace es pelar un pequeño tramo de alambre, suficiente para abrazar el tornillo del borne.

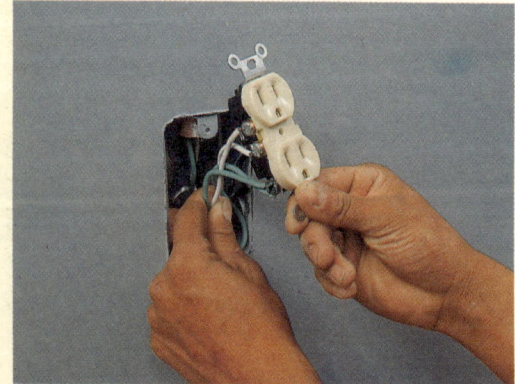

Se doblan los cables y se meten a la caja de manera que no se haga presión sobre las uniones.

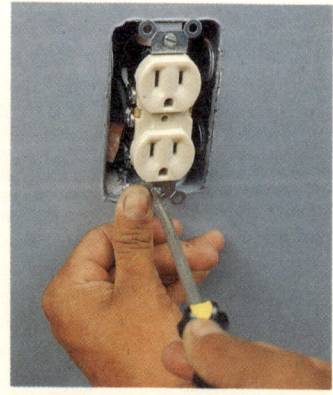

Se atornilla el puente y se ajusta para que quede completamente vertical.

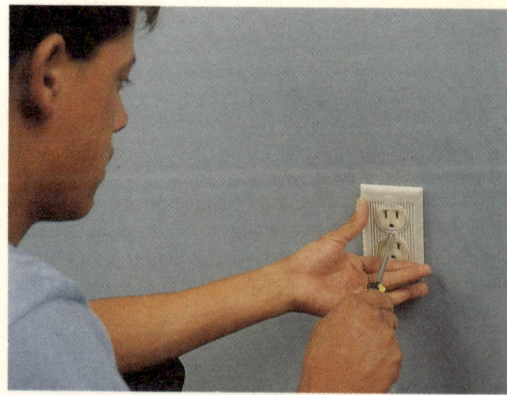

Y finalmente, se coloca la placa y se atornilla.

122 MANUAL DE INSTALACONES ELÉCTRICAS

ALAMBRADO

COLOCACIÓN DE LÁMPARAS

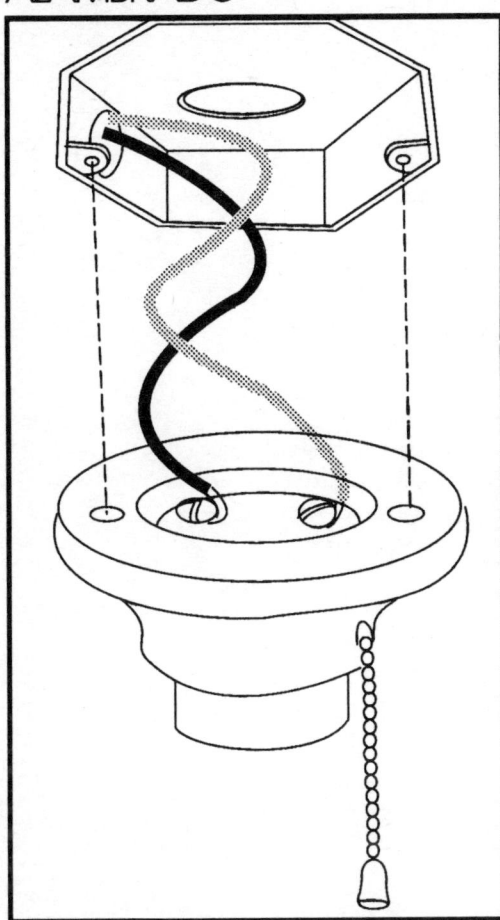

Hay muy diversas lámparas, pero las maneras de colocarlas son muy parecidas.

La más simple es el montaje directo donde la campana o dosel de la lámpara se atornilla directamente en los orificios de las orejas de la caja.

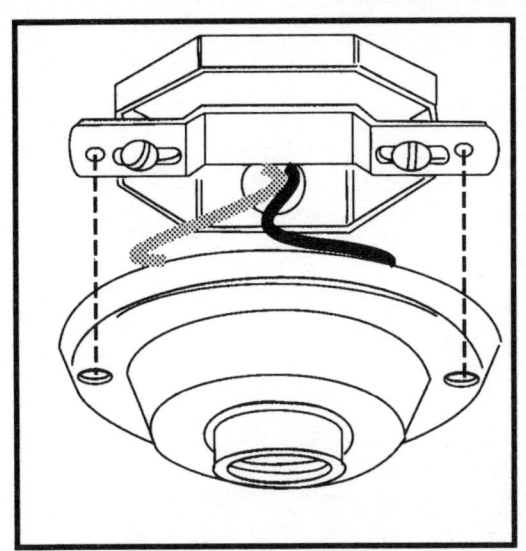

Pero la manera más común es primero montar la barra en la caja y luego, la lámpara a la barra.
Para eso, primero se unen los conectores; luego, la barra se fija a las orejas de la caja y finalmente, el dosel o campana de la lámpara se fija a la barra.

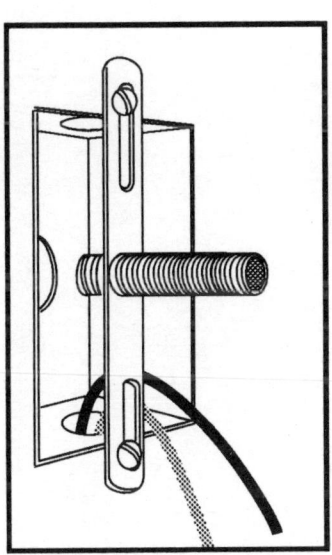

La lámpara se puede fijar a la barra con un niple o trozo de tubo roscado para lámpara, que se fija al orificio central de la barra.

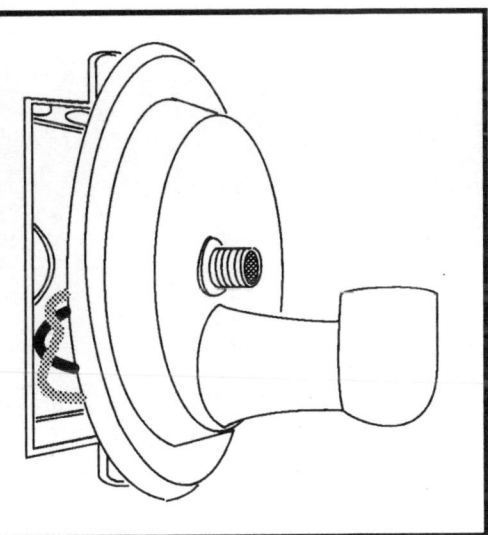

Y al dosel de la lámpara, con una tuerca y contratuerca.

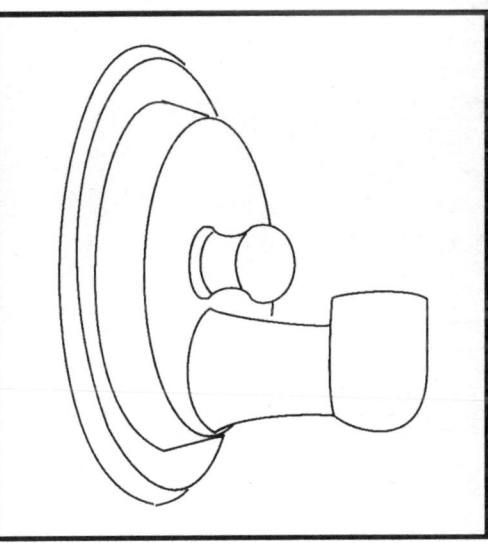

En vez de tuerca, al final, se puede fijar con un botón.

MANUAL DE INSTALACIONES ELÉCTRICAS 123

COLOCACIÓN DE LÁMPARAS — ALAMBRADO

Algunas veces la barra se coloca sobre un tubo roscado o niple central con una tuerca y contratuerca, mientras que la lámpara se fija directamente a las orejas de la caja.

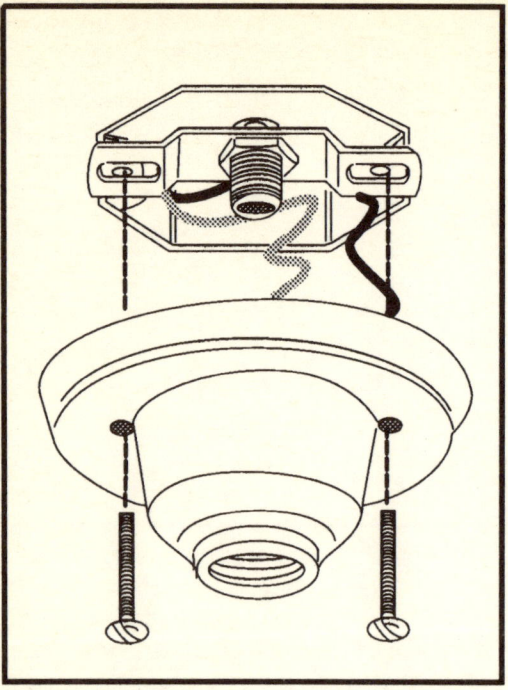

Cuando el niple no tiene el largo suficiente para llegar hasta el dosel o campana de la lámpara, se le pone una extensión, con un cople y otro niple.

Cuando los cables de la lámpara o candil corren a través del tubo roscado central, es necesario utilizar un cople de ojal, a través del cual pueden pasar los cables de la lámpara, para unirse a los de la instalación.

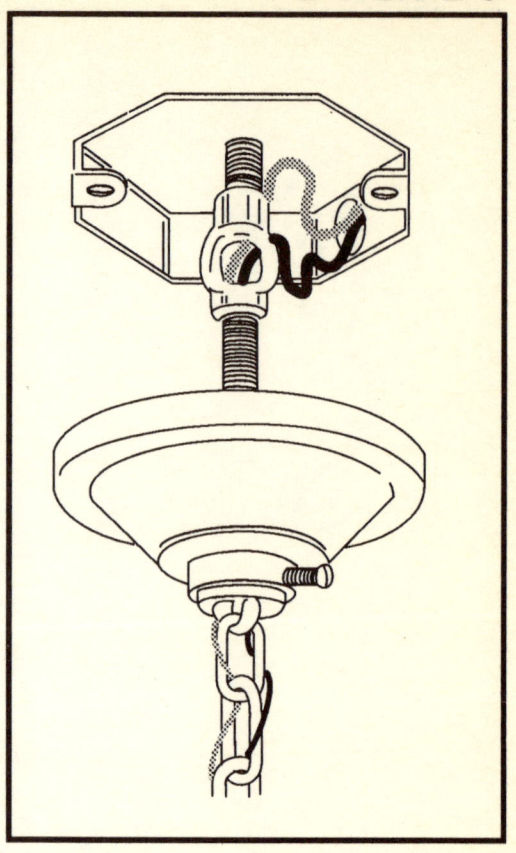

Para colgar los candiles es necesario que se coloque un gancho o una trenza de alambre, directamente atorada a la estructura de acero de la losa que luego sale a través del orificio que hay al fondo de la caja.

El gancho o la trenza de alambre debe soportar la mayor parte del peso del candil, mientras que el montaje del dosel sobre la barra debe servir principalmente para ocultar la instalación de la lámpara, no para sostenerla.

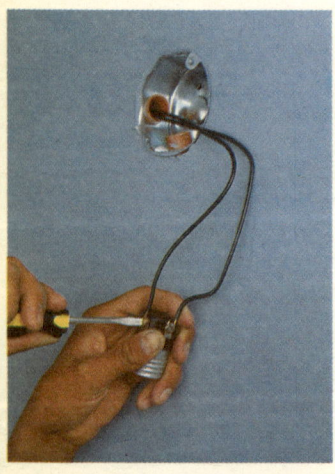

Para colocar una lámpara de arbotante, primero se colocan los cables en los bornes del socket.

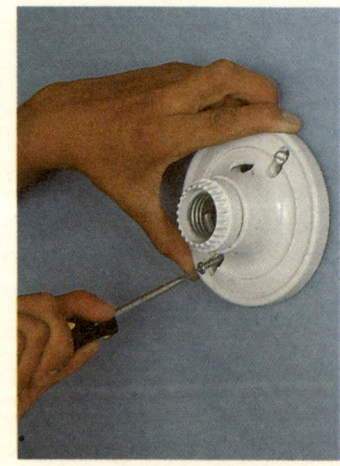

Enseguida se pone la cubierta de cerámica.

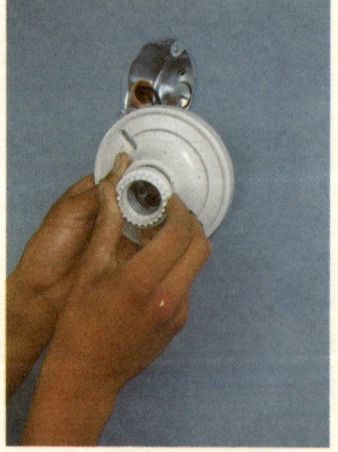

Después se atornilla la cubierta a las orejas de la caja.

Finalmente, se pone el foco y se enciende.

MANUAL DE INSTALACIONES ELÉCTRICAS

ALAMBRADO

LÁMPARAS FLUORESCENTES

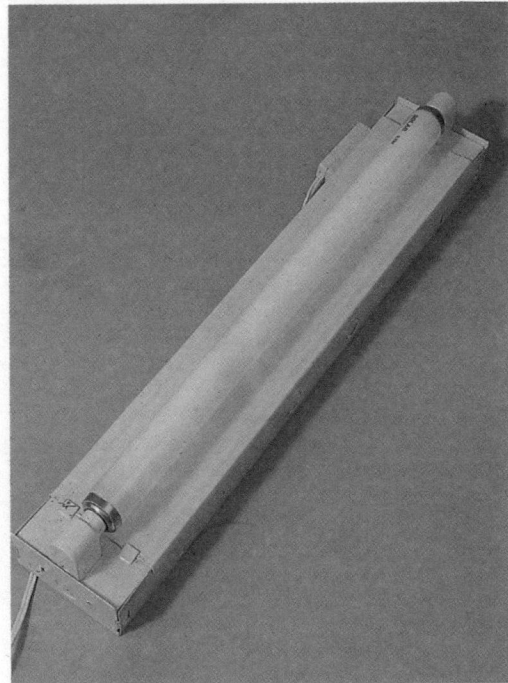

La iluminación con lámparas fluorescentes tiene la ventaja de producir más cantidad de luz por watt, que el foco ordinario.

Además, si no se está apagando y encendiendo con frecuencia, sino que se deja prendida, sobrepasa la vida de un foco entre 8 y 15 veces. Si se está encendiendo y apagando supera la vida de un foco entre 3 y 5 veces.

Los tubos se producen en varios largos que van desde los pequeños de 45 cm hasta los grandes de 1.50 m y todavía mayores de 2.10 m en algunos modelos. Los hay desde 15 hasta 60 watts, siendo los más populares los de 40 watts y 1.20 m de largo.

La caja de metal contiene las monturas en las que se coloca el tubo, un par de cables para conectarse a la corriente y varios orificios para fijar las lámparas. Adentro tiene una caja de metal pequeña, llamada balastro y, probablemente, un arrancador.

El tubo produce su luz por medio de una chispa continua o arco, que salta de un extremo a otro del tubo cubierto por una capa de fósforo, por lo que resplandece brillantemente.

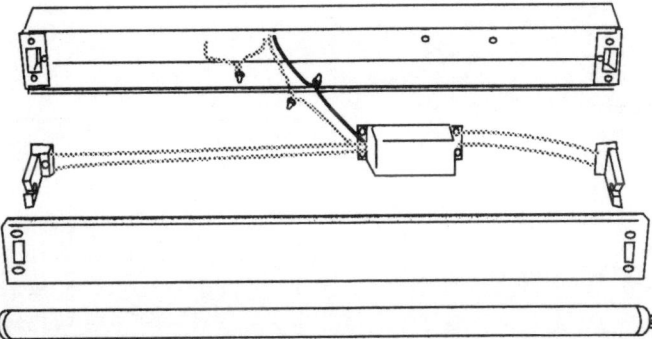

El balastro es un embobinado de alambre alrededor de un corazón de acero que, al encender con la ayuda del arrancador, envía un voltaje poderoso, más alto que el normal, para que se inicie la chispa. Ya que se establece el arco o chispa, el balastro envía el voltaje normal.

Es fácil instalar las unidades completas que contienen las partes eléctricas necesarias para encender el tubo.

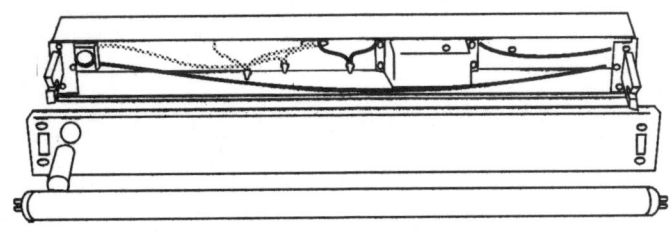

Fuera del tubo rara vez es necesario reparar cualquier parte, excepto el arrancador, que después de un uso prolongado hay que reponer. Pero los nuevos balastros hacen innecesario el arrancador.

MANUAL DE INSTALACIONES ELÉCTRICAS

TIMBRES

ALAMBRADO

Los timbres y los zumbadores o chicharras trabajan con un voltaje menor que la corriente normal de la casa. Operan con 10 a 16 voltios. Por eso necesitan un transformador que proporcione la corriente adecuada.

Los transformadores tiene dos pares de cables. Unos se conectan permanentemente a la corriente de la casa y otros, de los que sale el voltaje bajo, son con los que se alambra el timbre o zumbador.

Para el alambrado se usa cable o alambre del 18 o del 20, que en instalaciones aparentes se clava con grapas y en las ocultas corre dentro de los tubos conduit.

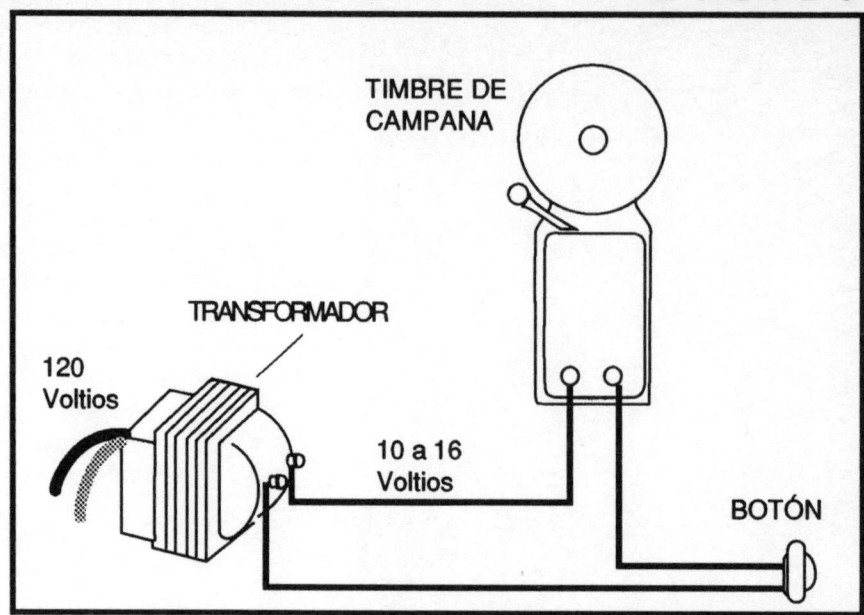

El timbre o chicharra opera con un encendedor o botón con un resorte. Al oprimirse el botón se cierra el circuito de bajo voltaje y pasa la corriente a la campana o zumbador. Al dejar de oprimir se interrumpe el circuito y deja de sonar.

El circuito para la campana o chicharra puede ser simple.

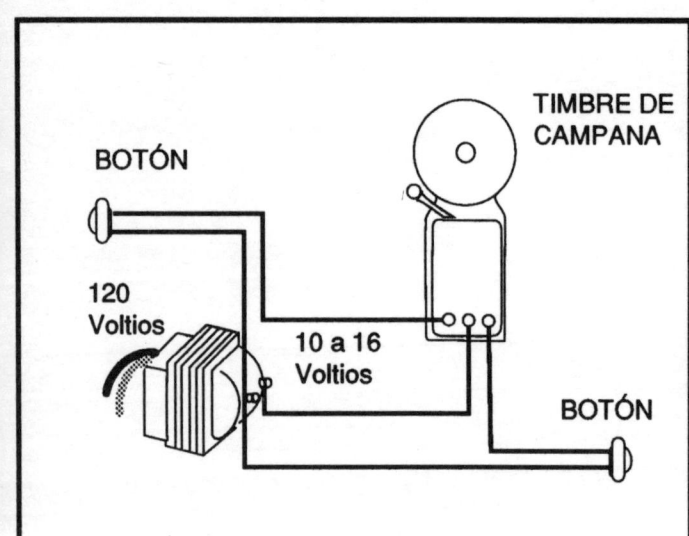

Pero puede complicarse un poco si se desea que el timbre pueda tocarse desde varios puntos de la casa.

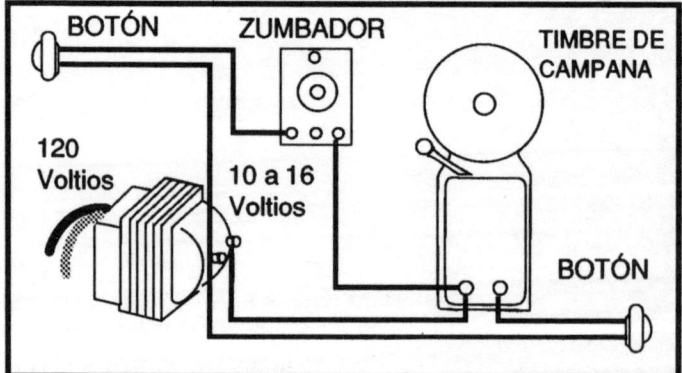

O que desde unos puntos suene una campana y desde otros una chicharra, que comparten el mismo transformador.

Cuando un timbre no funciona, primero que nada se revisan todas las partes visibles para ver si no hay daño. Como se emplean conductores muy delgados es frecuente una rotura de cable en alguna de las conexiones o partes visibles. Frecuentemente el problema está en un mal contacto en el botón del timbre. Para saberlo conecte entre sí las dos puntas. Si el timbre suena es que el botón está mal y hay que cambiarlo.
Pero también puede ser el zumbador o campana o el transformador.

Para averiguar si es el transformador, coloque un foco de lámpara de pilas en contacto directo con los dos cables de bajo voltaje que salen del transformador. Si no encienden, puede ser que el transformador esté mal y habrá que cambiarlo, pero antes verifique que llegue corriente a él, empleando un probador de circuitos para 110 voltios.
Para saber si es el timbre, conecte cables directos desde el transformador al timbre, sin pasar por la instalación. Si no suena, cámbielo.

ALAMBRADO

FLOTADORES

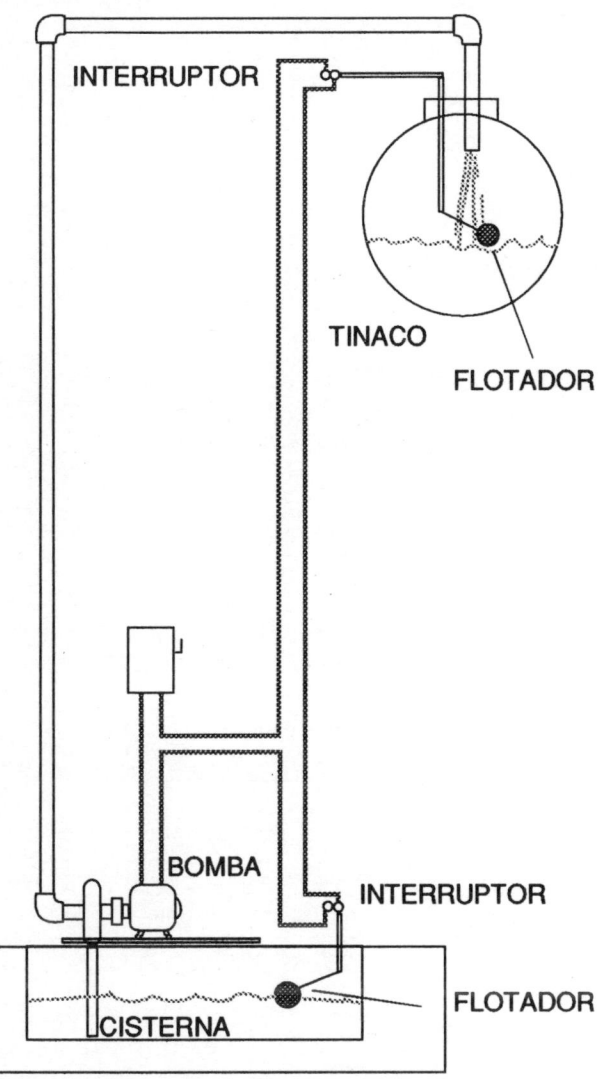

El control de las bombas que elevan agua de las cisternas a los tinacos se hace por medio de un par de flotadores que, al subir y al bajar, mecánicamente abren y cierran unos interruptores.

Uno de los flotadores se coloca en el tanque bajo o cisterna, de tal manera que interrumpa el circuito cuando el flotador baja, es decir, cuando hay poca agua dentro de la cisterna.

El otro flotador se coloca en el tanque alto o tinaco, de tal manera que cuando el flotador sube interrumpe el circuito, es decir, que lo corta cuando el tinaco se llena.

El alambrado de los interruptores de los flotadores se hace en serie, de tal manera que el circuito sólo funciona cuando los dos interruptores están cerrados y se interrumpe cuando cualquiera de los dos se abre.

Cuando se atora el flotador o el interruptor la mayoría de los problemas con los interruptores de flotador son mecánicos, y no tanto eléctricos.

Para no tener problemas mecánicos se utilizan los electroniveles, que tienen unos plomos que se colocan dentro de los tanques para cerrar y abrir los circuitos al contacto con el agua, en vez del flotador.

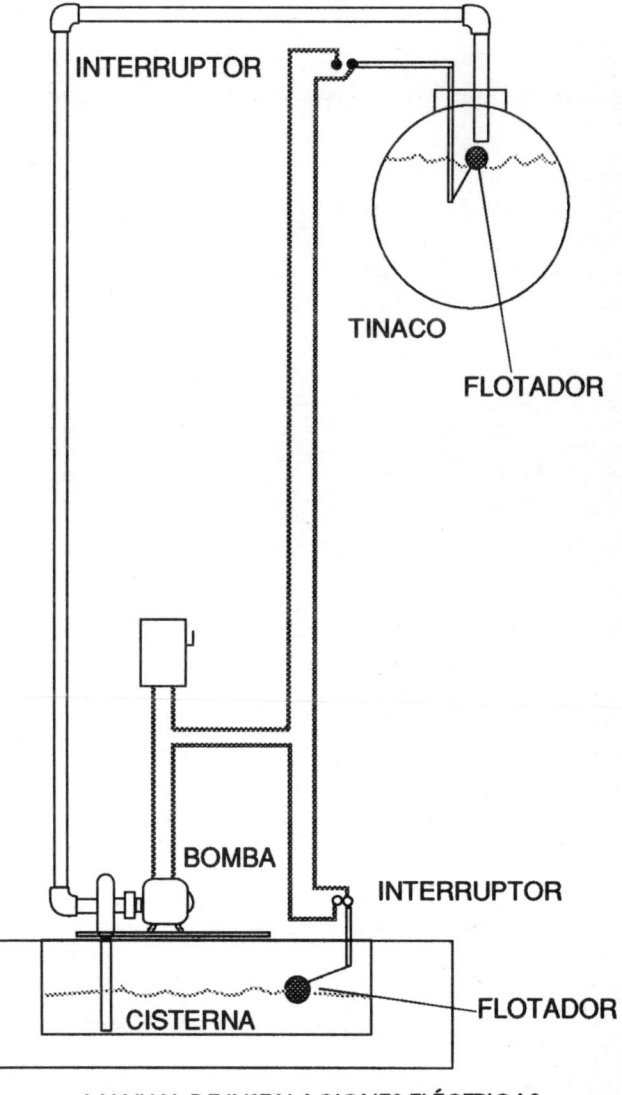

MANUAL DE INSTALACIONES ELÉCTRICAS

PROYECTOS DE INSTALACIÓN

Simbología 130
Circuitos 131
Recámaras 132
Cocinas 132
Baños 133
Sala o cuarto de estar 133
Comedor 134
Pasillos y escaleras 134
Cálculo de cargas 135

SIMBOLOGÍA

PROYECTOS

Los proyectos para hacer las instalaciones eléctricas de una casa se hacen principalmente por los ingenieros o arquitectos que proyectan las casas o por ingenieros especializados, que se dedican a las instalaciones eléctricas, quienes utilizan una simbología especial.

Otras muchas veces es un proyectista-contratista quien realiza tanto el proyecto de instalación como la instalación. La mayoría de las veces lo hacen ingenieros electricistas o simplemente electricistas muy calificados.

En otras ocasiones sólo se necesita la instalación para un cuarto o una ampliación de la instalación existente, por lo que para hacer el proyecto se requiere menos experiencia.

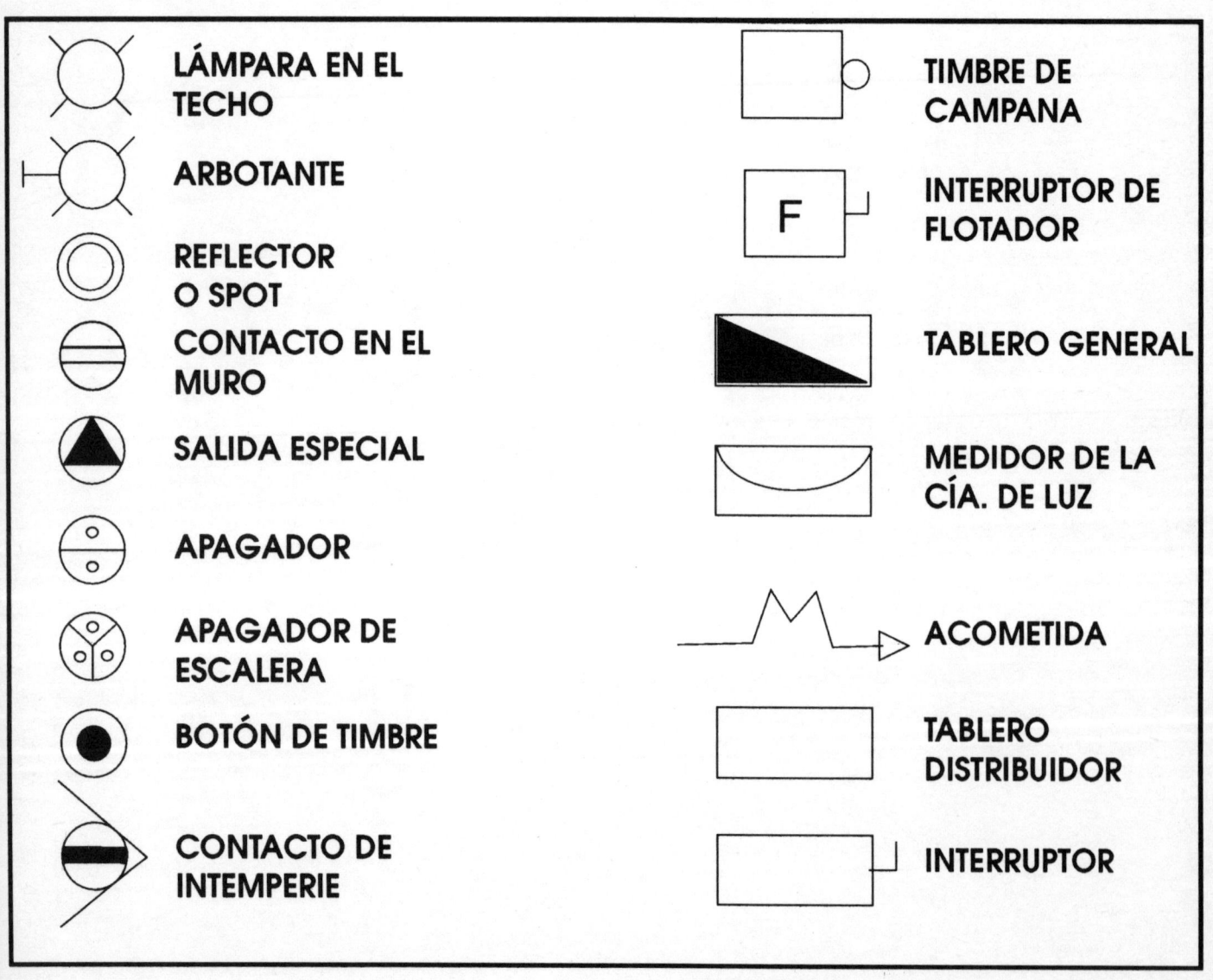

PROYECTOS

CIRCUITOS

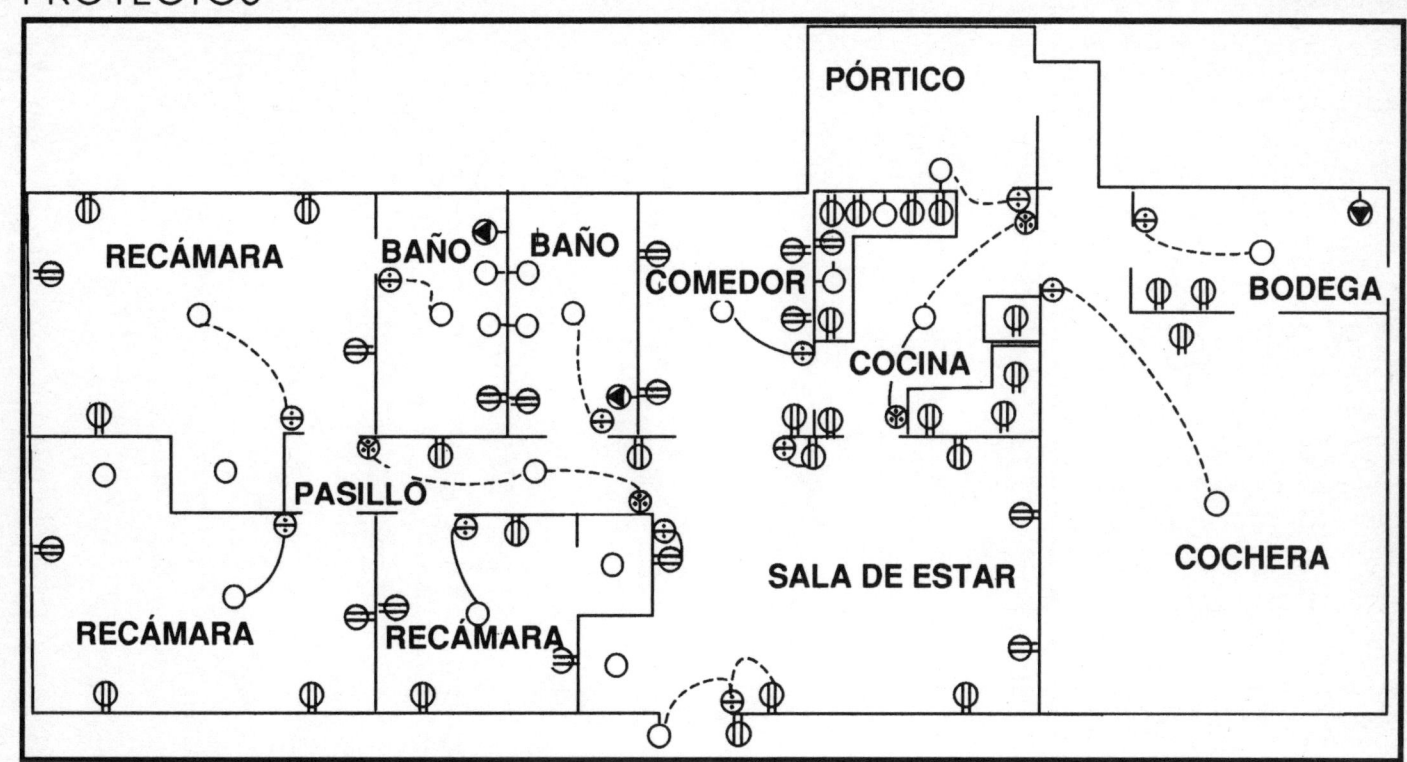

Para hacer un proyecto se usa un plano de la casa, en el que estén señalados la estructura y los muros. En él se ubican las salidas y trazan los circuitos con los recorridos de los conductores.

Si la instalación es propia, uno mismo decidirá cómo y dónde ubicar las salidas y los accesorios. Pero si no es así, habrá que preguntar y conocer las necesidades particulares de la persona a quien se hace el proyecto.

En general, se trata de que todos los cuartos de una casa tengan, por lo menos, una lámpara con un apagador y un contacto. Pero eso no es suficiente.

RECÁMARAS

PROYECTOS

En una recámara se necesita una lámpara en el techo, que se encienda con un apagador colocado a un lado de la puerta de entrada. Además, se necesitan contactos para las lámparas de noche, que van en las mesitas, a los lados de las camas.

Es frecuente que en la recámara se tenga además un radio y, a veces, una televisión. Es común que dentro de la recámara se tenga un tocador, que requiere una lámpara cercana a su espejo. Para eso se necesitan varios contactos, independientemente de algunos que hay que dejar libres por si se quiere utilizar una aspiradora, un ventilador o un calentador.

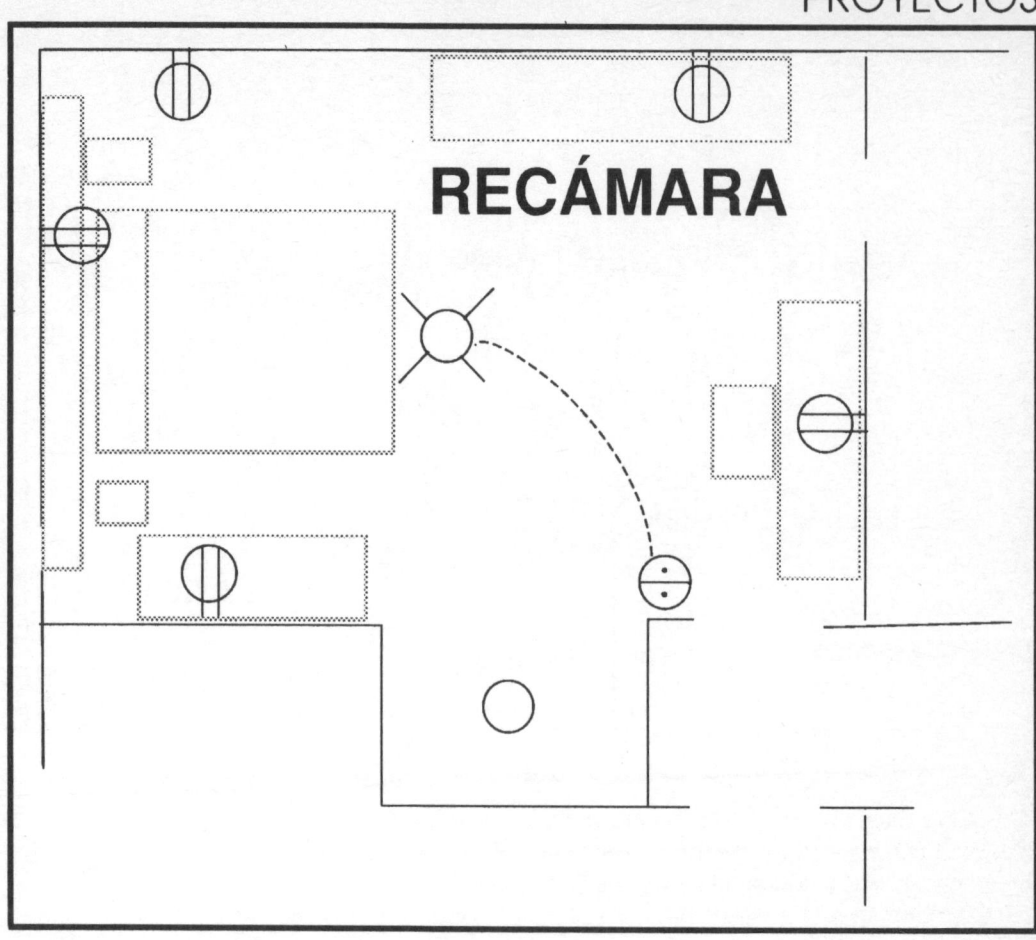

COCINAS

Las cocinas necesitan una luz central, además de algunas laterales cerca de la estufa, para ver mejor lo que se cocina durante la noche.

Se necesitan suficientes contactos dobles y triples para los distintos aparatos que se tengan o que se puedan llegar a tener, como licuadora, tostador, batidora, cafetera, etc. Se debe prever que todos esos aparatos puedan llegar a estar encendidos al mismo tiempo, para lo que quizá se requerirán dos o tres circuitos.

Se necesita contacto para el refrigerador. Si se tiene lavadora dentro de la cocina se necesitará además un contacto a tierra. Muchas veces la cocina es el lugar donde se plancha, de modo que se requiere un contacto para voltaje muy alto. Si se tiene extractor de humos, también se debe prever su instalación correcta.

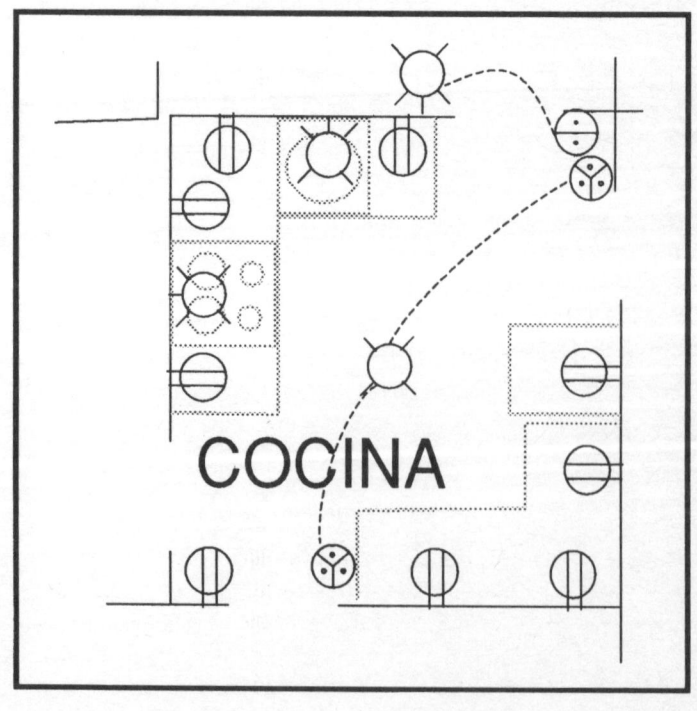

PROYECTOS

BAÑOS

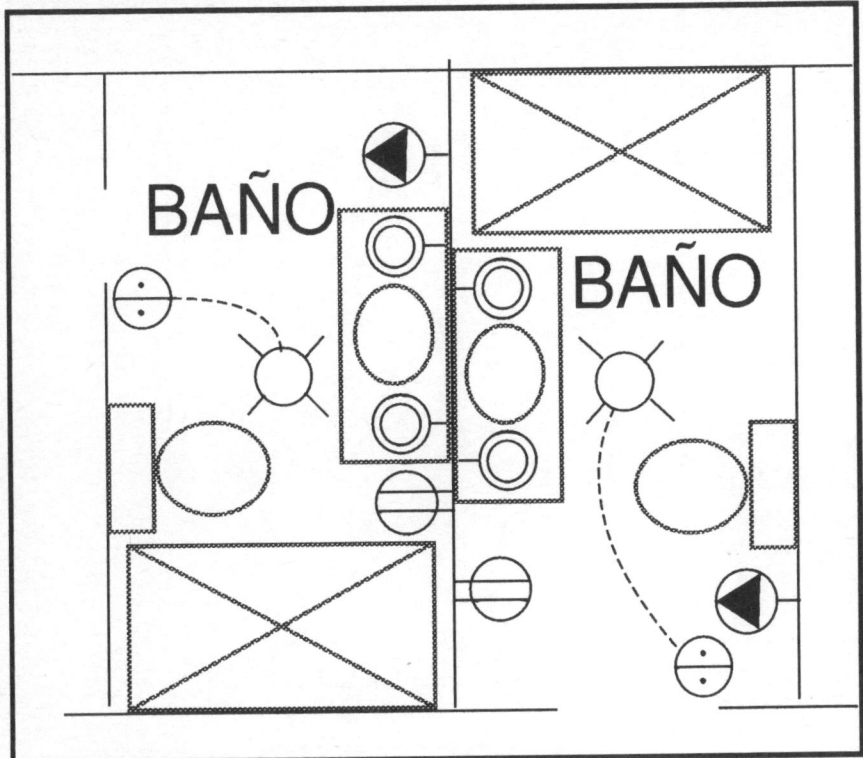

El baño necesita una luz en el techo que se encienda desde un lado de la puerta de entrada, y además, una luz en el espejo que se pueda encender y apagar desde allí. Cerca conviene un contacto para una rasuradora eléctrica y para un secador de pelo.

SALA O CUARTO DE ESTAR

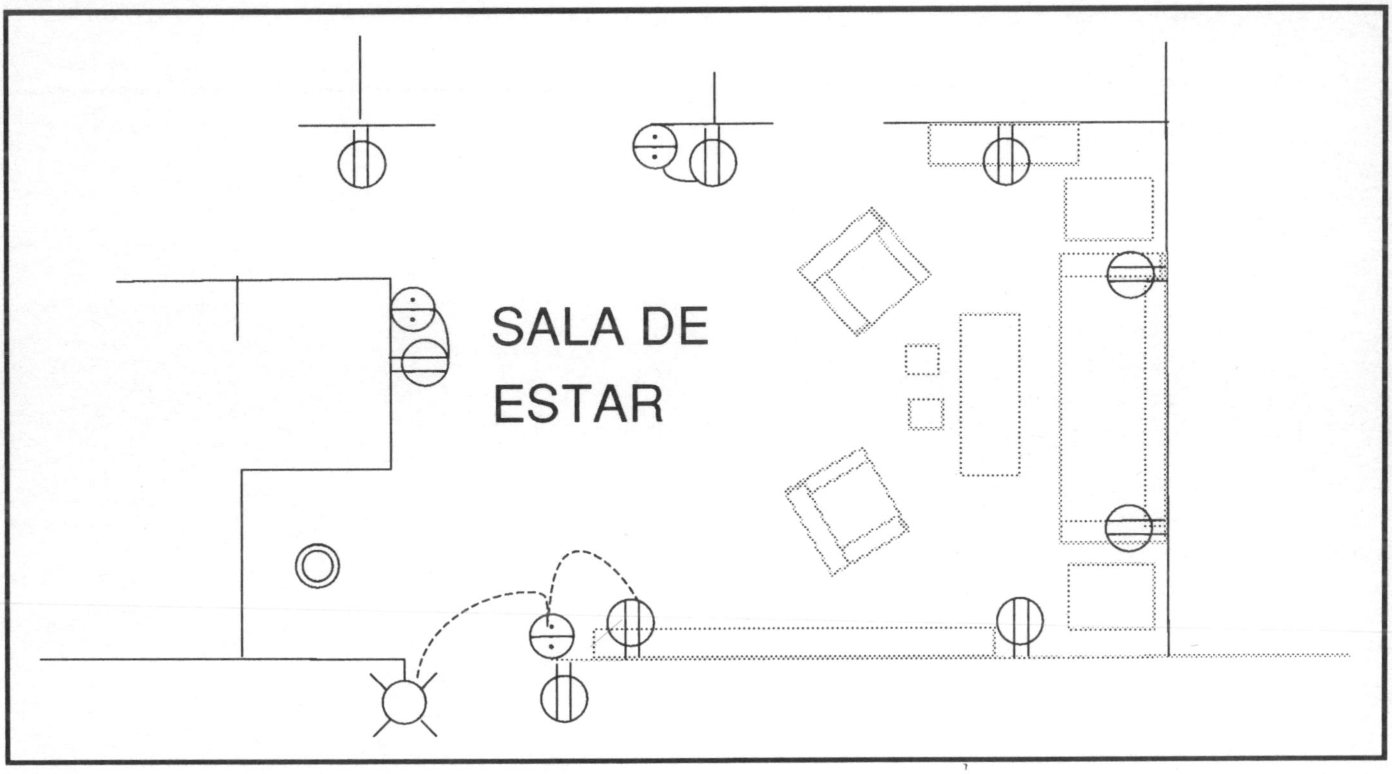

La sala o el cuarto de estar de la familia debe tener la lámpara principal, que se encienda desde la puerta de entrada a la sala y quizá, desde alguna otra puerta. Además, debe haber contactos para otras lámparas junto a los asientos principales, que permitan leer y escribir.

Es común que allí se tenga la televisión y el tocadiscos. Además de los aparatos conectados debe haber, bien distribuidos, suficientes contactos para conectar aspiradoras, calentadores y otros aparatos eléctricos.

MANUAL DE INSTALACIONES ELÉCTRICAS

COMEDOR

PROYECTOS

Si hay comedor o se trata de sala comedor, se debe poner la lámpara central, que puede ser pesada, con algunos contactos para aparatos eléctricos que se puedan emplear en el propio comedor, como cuchillos o calentadores para tortillas, etc.

PASILLOS Y ESCALERAS

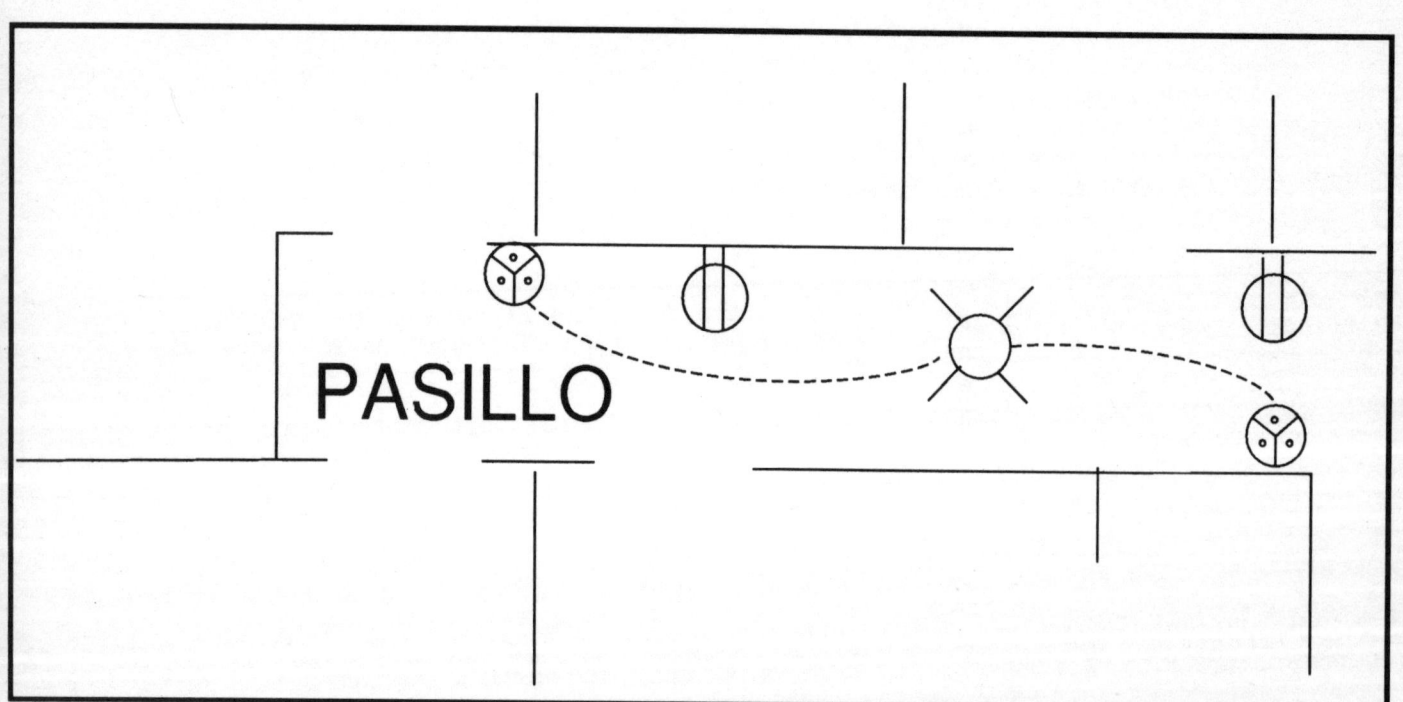

Los pasillos y las escaleras deben estar siempre bien iluminados, con lámparas que se enciendan y apaguen donde comienzan y terminan. Es decir, deben llevar apagadores de tres polos o apagadores de escalera.

Una vez que se conocen las necesidades que debe satisfacer la instalación y que se ha hecho una lista de ellas, se ubican en el plano de la construcción, las salidas y su uso, utilizando la simbología particular de las instalaciones eléctrica. Enseguida se marcan los circuitos en el plano.

PROYECTOS

CÁLCULO DE CARGAS

Los circuitos de una casa se pueden dividir en tres tipos:

Circuitos de uso general o circuitos de luz, para las lámparas instaladas permanentemente y los contactos donde van conectadas otras lámparas. Son los circuitos que llevan las cargas más pequeñas. A estos circuitos también se pueden conectar radios, tocadiscos, televisores y aspiradoras. Se alambran con conductores del 12 y del 14 y protegen con interruptores de 15 amperios.

Circuitos para aparatos pequeños como los que se usan en la cocina, además del refrigerador y la plancha, que se alambran con conductor del número 12 y protegen con un interruptor de 20 amperios. Estos circuitos generalmente se instalan en las cocinas, los antecomedores y los cuartos de estar.

Finalmente, los circuitos individuales para aparatos grandes como la lavadora, la secadora, el calentador eléctrico y las bombas de agua, que se alambran con conductor del 10 y protegen con interruptor de 30 amperios.

Una manera sencilla para establecer los circuitos de la instalación de una casa es anotando la cantidad promedio de consumo en watts de cada lámpara y cada contacto.

Luego se identifican las lámparas y contactos de uso general, los contactos para los aparatos pequeños y, finalmente, los circuitos individuales

A partir del lugar donde está el interruptor principal y la caja de distribución general, se sigue la ruta posible del alambrado de los circuitos generales, pasando de un contacto a otro y de una lámpara a otra, a la vez que se van sumando los watts de consumo promedio de cada lámpara y contacto.

Una manera segura para calcular es suponer que cada lámpara es de 100 watts y que cada contacto consume 250 watts, en promedio.

Suponiendo que se trata sólo de circuitos de 120 voltios, entonces los watts de un circuito de uso general o de luz no deben ser mayores de 1800 watts, pues 1800 watts entre 120 voltios dan justamente 15 amperios. Sin embargo, para seguridad es mejor tener circuitos de uso general de no más de 1600 watts. Recuerde que para saber cuántos amperios hay, simplemente se dividen los watts entre los voltios.

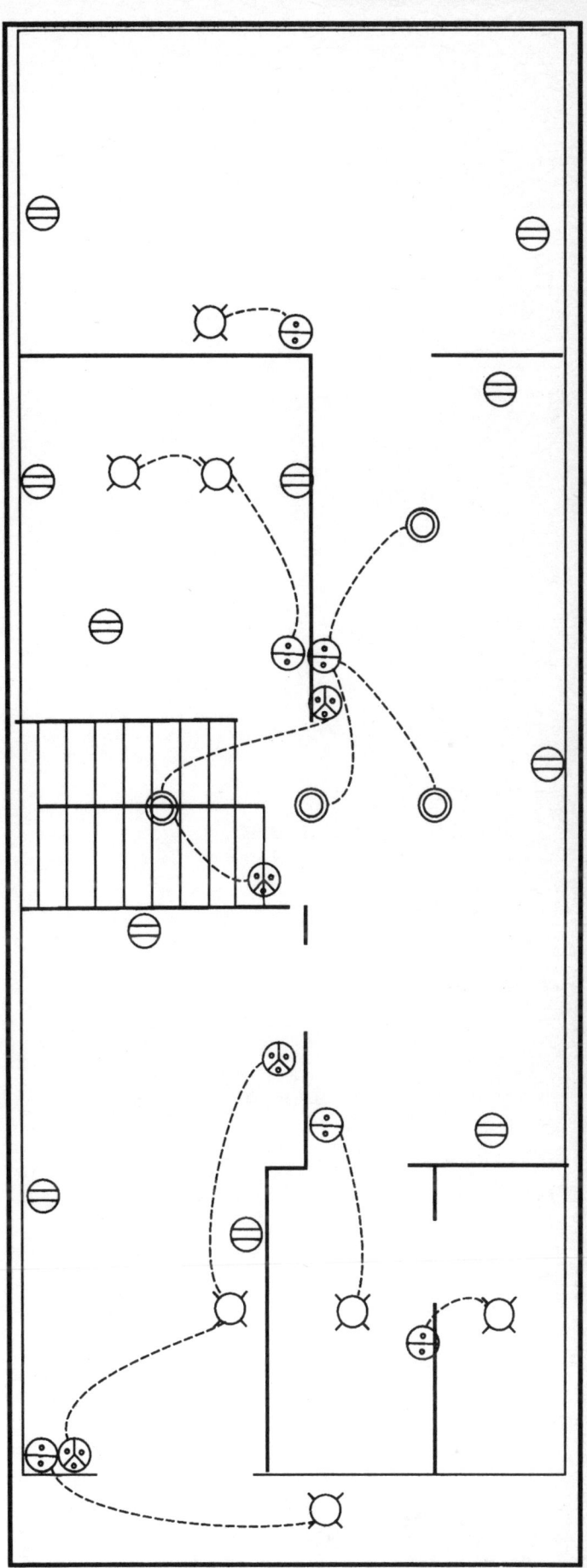

MANUAL DE INSTALACIONES ELÉCTRICAS

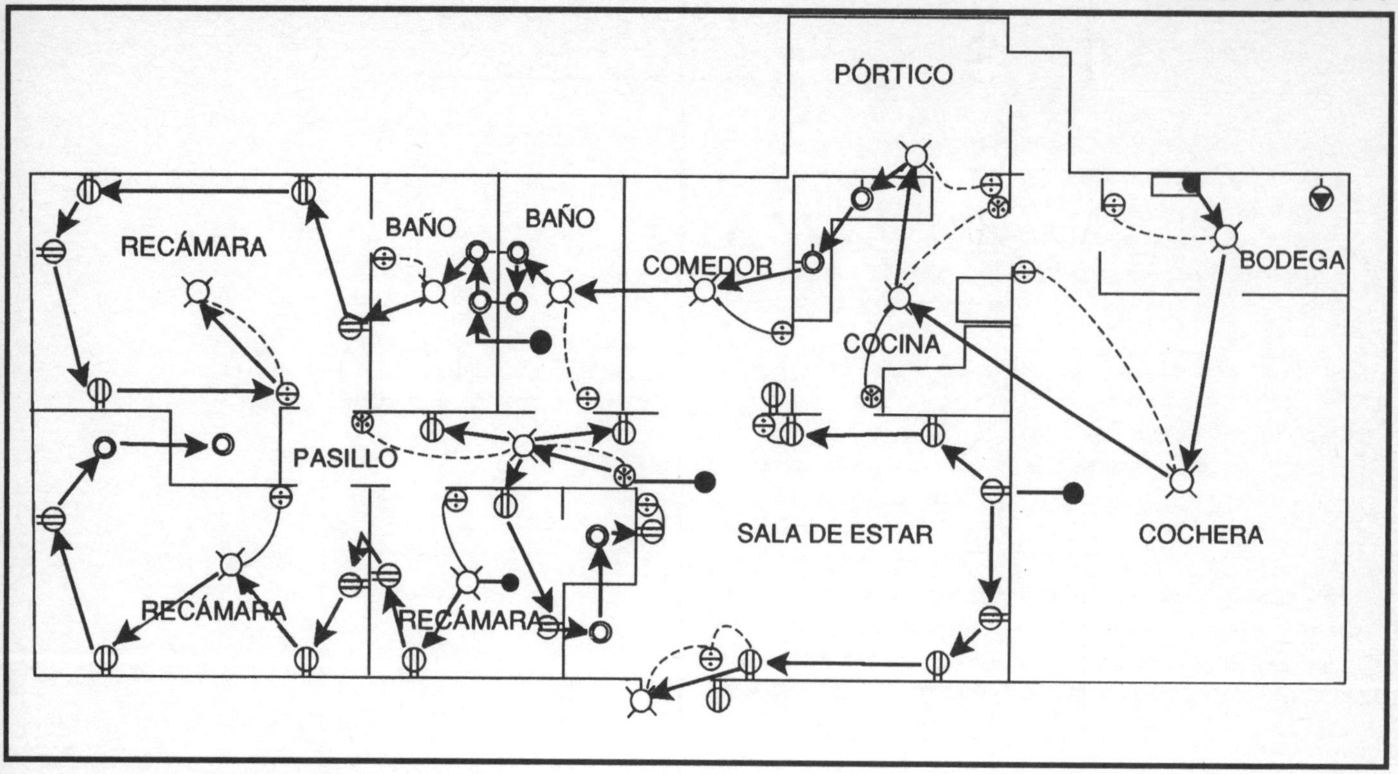

CÁLCULO DE CARGAS

PROYECTOS

En este ejemplo concreto, los circuitos de uso general o de luz resultan ser cinco.

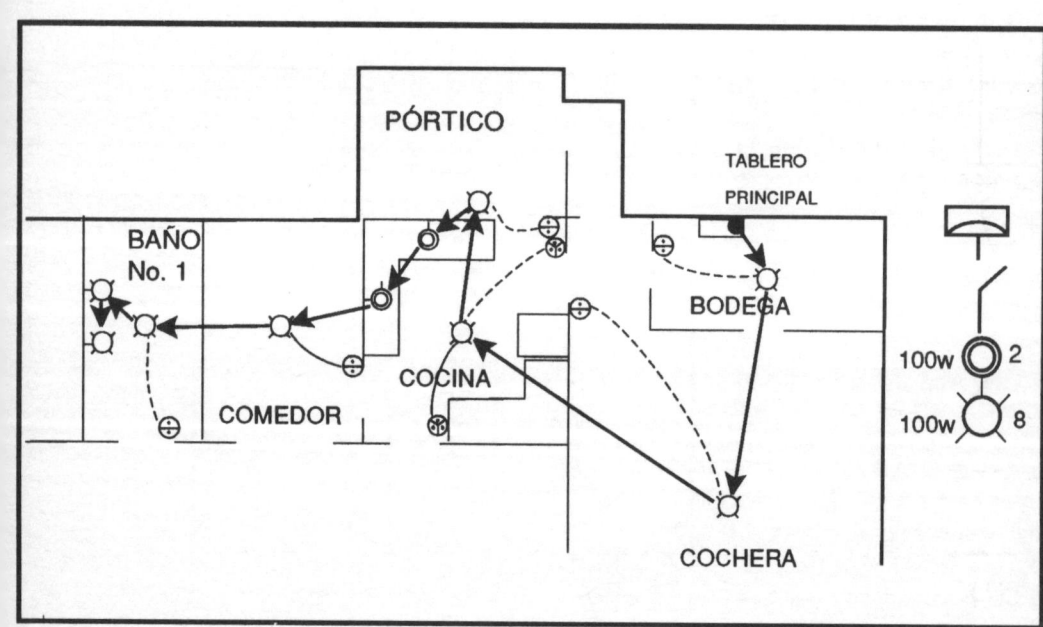

Para obtener el primero de esos circuitos, se ha comenzado desde el tablero de distribución general a las lámparas de la cochera, luego a la lámpara central de la cocina, la lámpara de arriba del fregadero y de la estufa, la lámpara del comedor y las dos lámparas del primer baño.

Si en los contactos de los baños se van a utilizar secadores de pelo o extractores de aire, entonces conviene tener circuitos individuales.

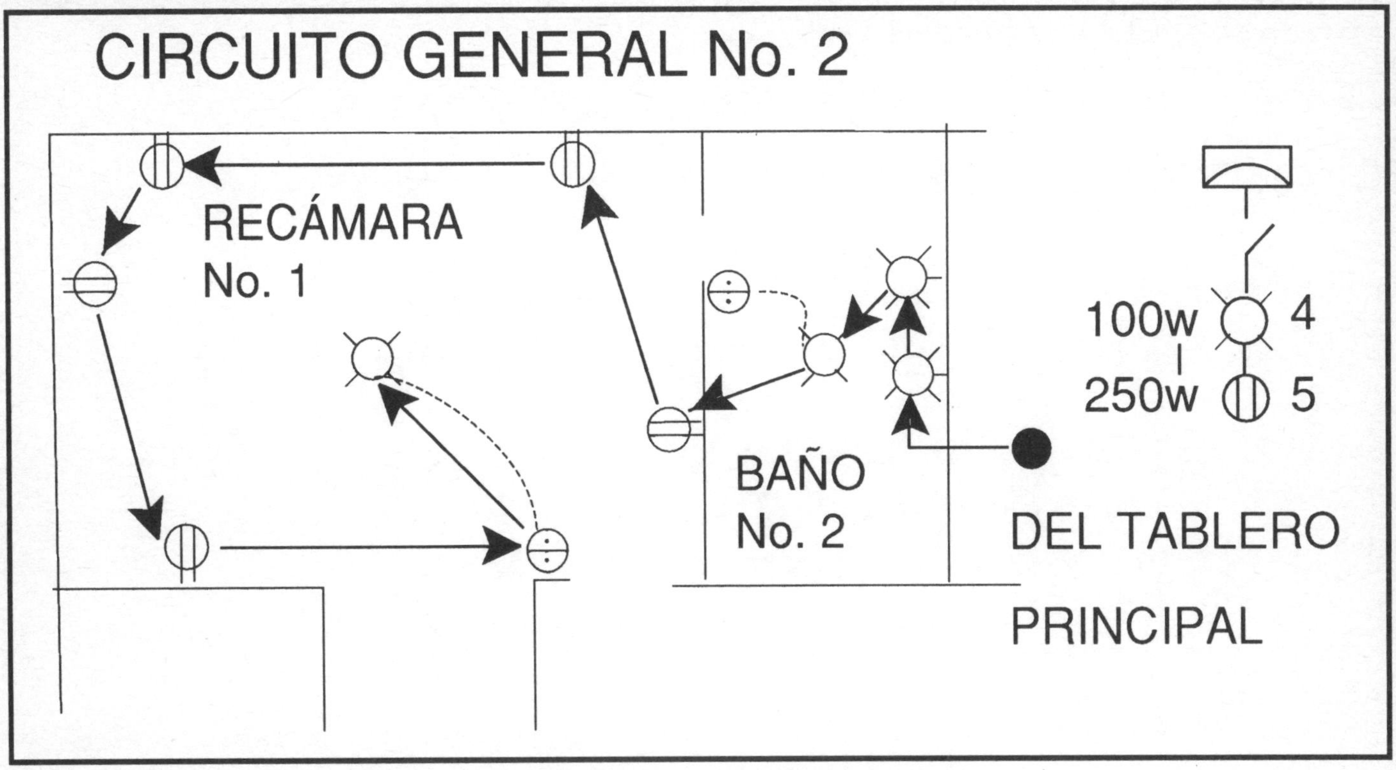

PROYECTOS

CÁLCULO DE CARGAS

CIRCUITO GENERAL No. 2

RECÁMARA No. 1

BAÑO No. 2

DEL TABLERO PRINCIPAL

100w ◯ 4
250w ⌀ 5

El segundo circuito incluye las lámparas del segundo baño y la primera recámara. El punto de arranque de este circuito está a la altura de la primera lámpara del segundo baño. Es decir que desde el tablero de distribución general hasta allí, se deben correr conductores del 12 directos a ese circuito.

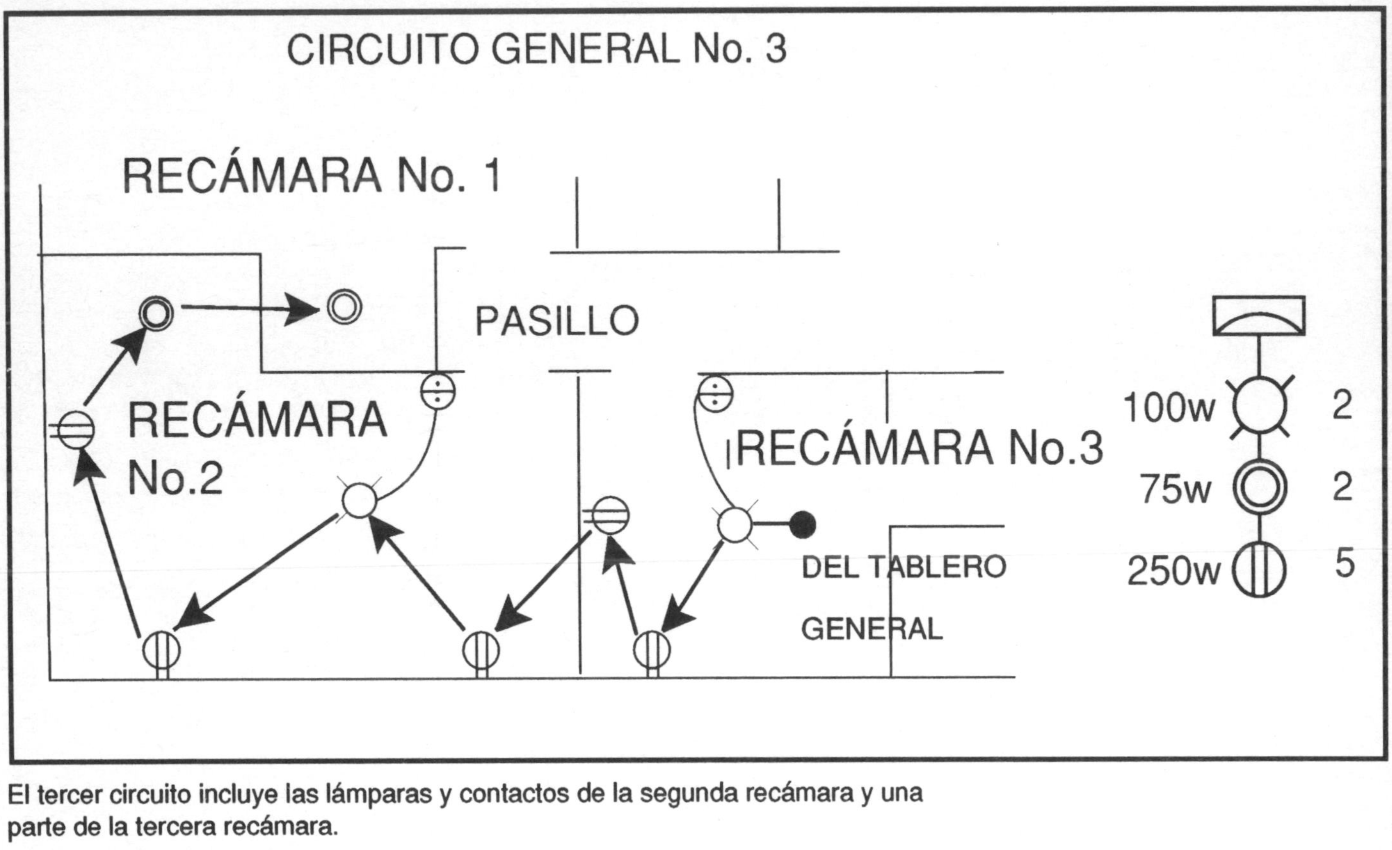

CIRCUITO GENERAL No. 3

RECÁMARA No. 1

PASILLO

RECÁMARA No.2

RECÁMARA No.3

DEL TABLERO GENERAL

100w ◯ 2
75w ◎ 2
250w ⌀ 5

El tercer circuito incluye las lámparas y contactos de la segunda recámara y una parte de la tercera recámara.

MANUAL DE INSTALACIONES ELÉCTRICAS

CÁLCULO DE CARGAS

CIRCUITO GENERAL No. 4

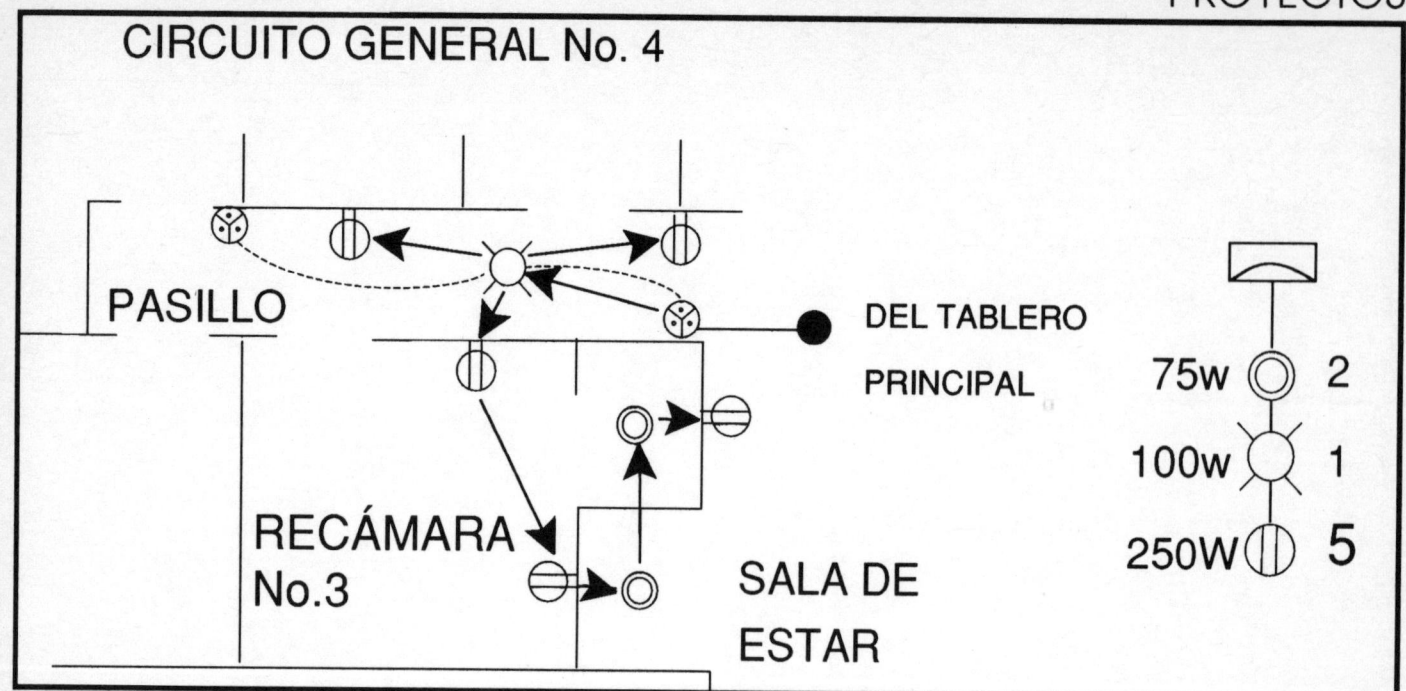

El cuarto circuito de uso general o de luz abarca la parte restante de la tercera recámara y el pasillo.

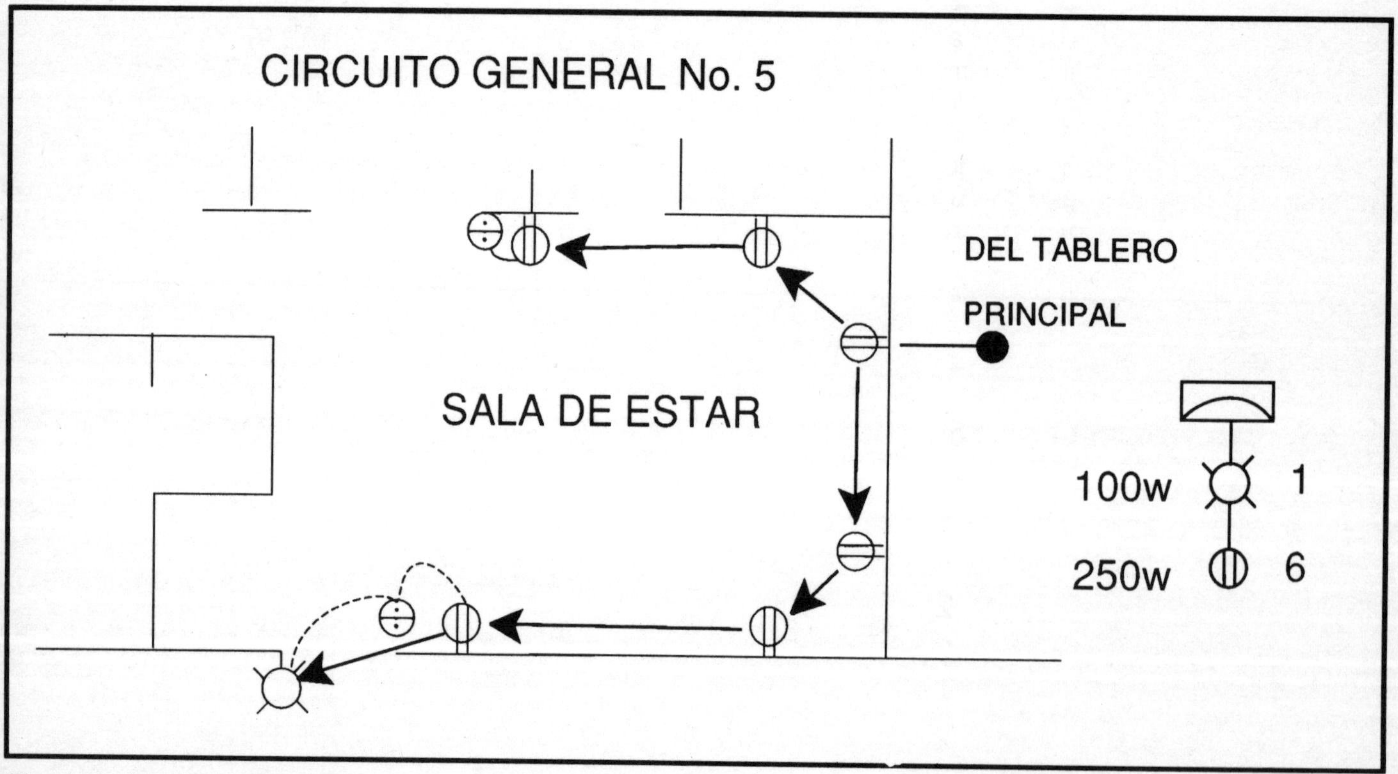

CIRCUITO GENERAL No. 5

El quinto circuito cubre la sala.

PROYECTOS

CÁLCULO DE CARGAS

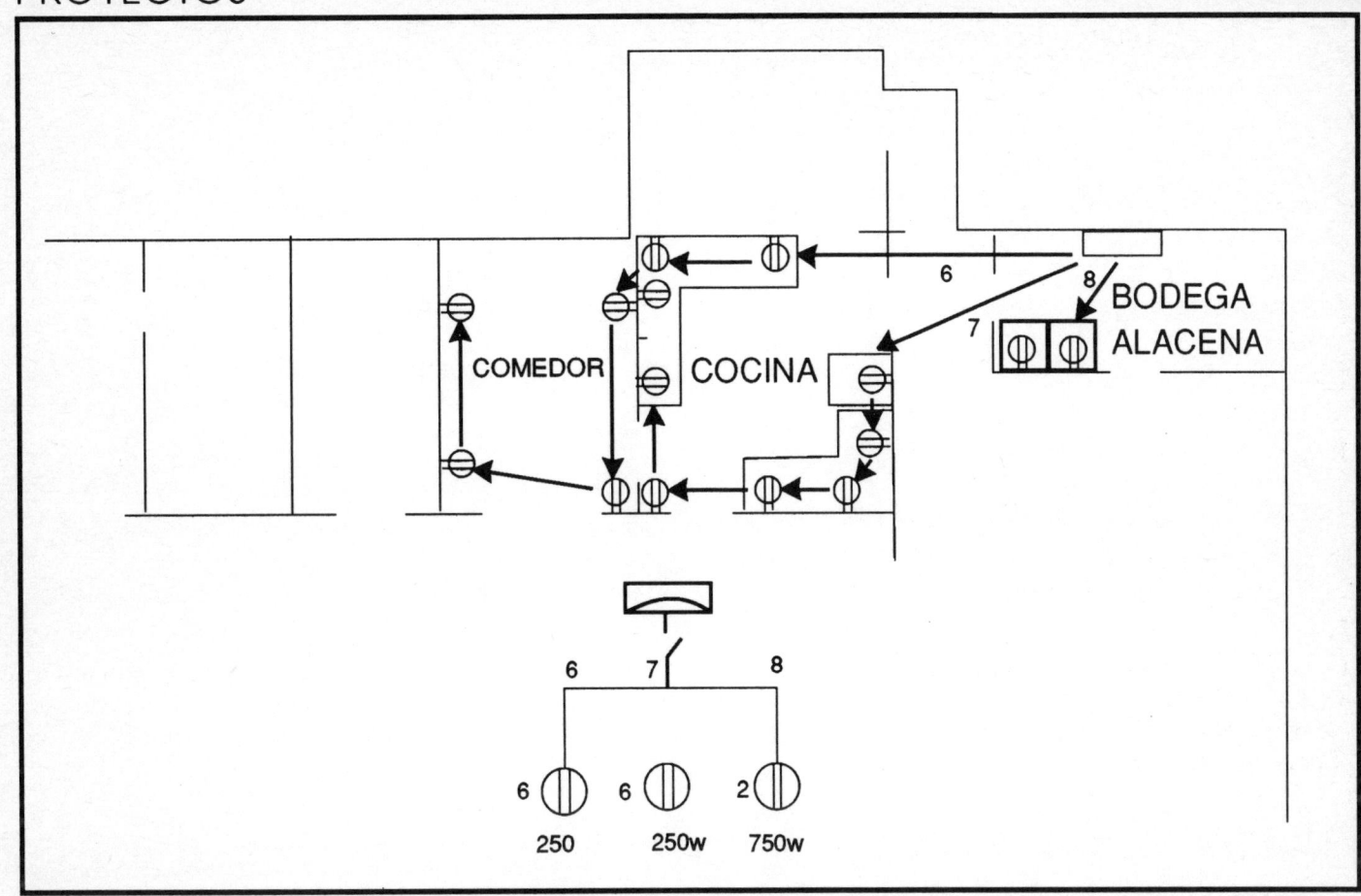

Enseguida se localizan los circuitos a los cuales deberán conectarse los aparatos, comenzando por los de una pared de la cocina, en donde seis de ellos suman 1500 watts, se alambran con conductor del 12 y se protegen con interruptor de 20 amperios. Con los contactos de la otra pared de la cocina, más los del comedor, se forma otro circuito de 1500 watts, que equivalen a 12.5 amperios, que se alambran con conductor del 12 y protegen con interruptor de 20 amperios. **Suponiendo que en la cochera queda una lavadora y una secadora eléctrica, se corre un circuito con conductor del 10, protegido por un interruptor de 30 amperios. Finalmente, se corre un circuito a cada baño indivudual y otro a la cochera, para la bomba, que se alambran con conductor del 12 y protegen con un interruptor del 20.**
Las cargas de cada circuito se pueden colocar en una tabla como ésta.

CIRCUITO	75 W	100W	250W	750W	TOTAL WATTS
1	-	10	-	-	1000
2	-	4	5	-	1650
3	2	2	5	-	1600
4	2	1	5	-	1500
5	-	1	6	-	1600
6	-	-	6	-	1500
7	-	-	6	-	1500
8	-	-	-	2	1500
TOTAL	4	18	33	2	11850

Las normas de seguridad al trabajar en las instalaciones eléctricas deben respetarse siempre. Si no se respetan va en ello la salud y hasta la vida, pues la corriente eléctrica, aun en voltajes bajos, es peligrosa.

SEGURIDAD

SEGURIDAD

Lo más importante es nunca probar si hay corriente con la mano. Si se llegara a tocar una punta de un cable con una mano y otra punta con la otra mano, se corre el riesgo de que la corriente pase a través del corazón y entonces no hay salvación posible.

Se sabe de personas que han recibido descargas de alta tensión y han sobrevivido, pero no se sabe de ninguna que haya tomado corriente con las dos manos y se haya salvado.

En las instalaciones de casas, afortunadamente, no se trabaja con alta tensión, sino solamente con baja tensión, pero no deberá pensarse que 110 voltios son inofensivos.

Debemos trabajar seguros y confiados de que no hay peligros. Para ello hay dos caminos muy importantes: Uno es aislarse uno mismo de la corriente y otro es tomar precauciones al trabajar.

Para trabajar en instalaciones eléctricas debe uno utilizar zapatos o botas con suela de hule gruesa. Nuestros zapatos aislantes deben ser la primera norma de seguridad al trabajar.

La segunda es trabajar siempre con herramientas que tengan mangos aislantes, como las pinzas de electricista o los desarmadores de plástico.

La tercera, sumamente importante, es desconectar siempre la corriente antes de trabajar en un circuito o en un aparato. Si no se sabe con claridad cuál es el interruptor de ese circuito, entonces apague el interruptor principal.

SEGURIDAD

La cuarta es que al hacer una instalación, no haga trampas a la seguridad. No rompa las reglas de seguridad de la instalación. No ponga fusibles de mayor amperaje que el que debe haber.

Por seguridad, las cajas de los interruptores principales se deben conectar a tierra, ya sea a la tubería de la calle o a una varilla de cobre enterrada.

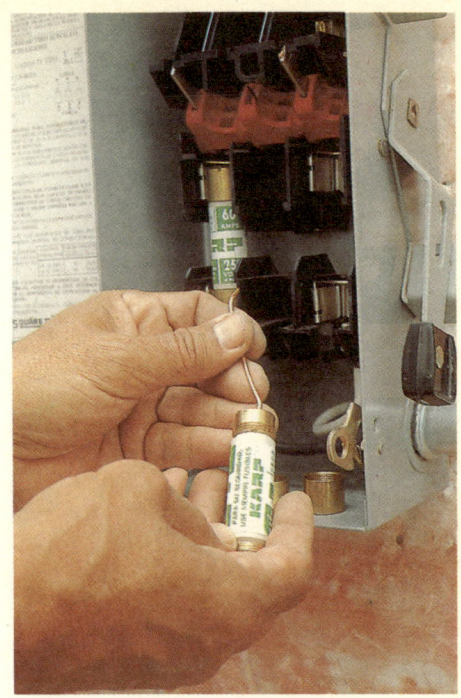

Cambie los fusibles fundidos por otros de los calibres adecuados al calibre del conductor más delgado de ese circuito, generalmente de 15 amperios. Nunca ponga un fusible de valor superior.

Nunca ponga diablos o puentes en vez de fusibles, para evitar que se fundan.

Nunca trabaje en los muros mojados o húmedos o en los pisos mojados. Nunca meta al agua la parte eléctrica de un aparato. El agua y el trabajo con la electricidad no se llevan.

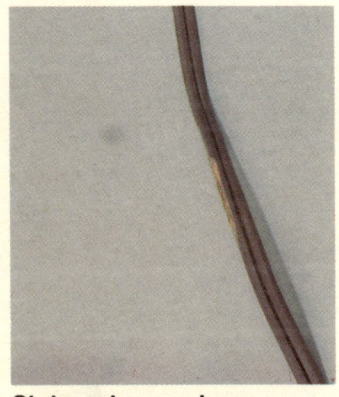

Si descubre cordones deshilachados o lastimados, cambielos en ese momento, no lo deje para después.

Si tiene clavijas defectuosas sustitúyalas por otras, inmediatamente, no se espere a mañana.

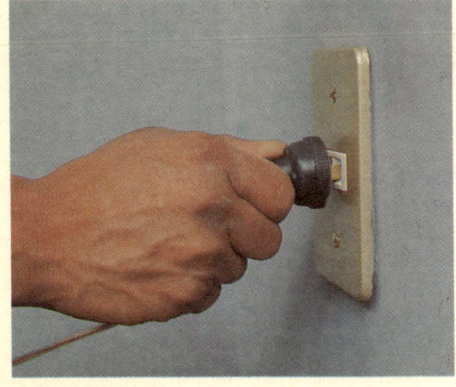

Cuando desenchufe jale de la clavija, no del cable. Si jala del cable se puede zafar de los tornillos y producir un corto circuito.

Todas las máquinas como lavadoras, secadoras, etc. deben tener conexión a tierra. Las cubiertas metálicas de los motores deberán siempre estar conectadas a tierra.

La publicación de esta obra la realizó
Editorial Trillas, S. A. de C. V.

División Administrativa, Av. Río Churubusco 385,
Col. Pedro María Anaya, C. P. 03340, México, D. F.
Tel. 56884233, FAX 56041364

División Comercial, Calz. de la Viga 1132, C. P. 09439
México, D. F. Tel. 56330995, FAX 56330870

Esta obra se terminó de imprimir y encuadernar
el 31 de julio del 2000,
en los talleres de Rotodiseño y Color, S. A. de C. V.
BM2 100 IW